KB072345

초미세먼지 측정기술의 현재와 미래

초미세먼지 원인 및 영향의 정확한 진단을 위하여

PRESENT AND FUTURE OF PM2.5

초미세먼지

MEASUREMENT TECHNOLOGY

측정기술의
현재와 미래

초미세먼지 원인 및 영향의 정확한 진단을 위하여

박기홍, 김영준 저

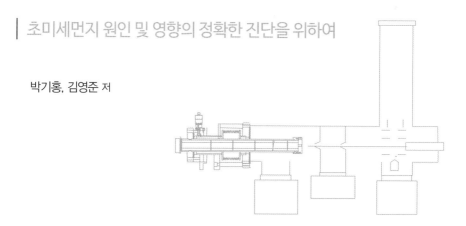

 **GIST PRESS**
광주과학기술원

들어가는 글

최근 몇 년간 우리나라는 미세먼지로 몸살을 앓고 있다. 황사가 기승을 부리는 봄뿐만 아니라 거의 모든 계절에 걸쳐 하늘이 뿌옇고 숨을 제대로 쉴 수 없게 되었다. 잿빛 거리에서 사람들이 마스크를 낀 채 걷는 모습이 낯설지 않게 되었고 날씨와 함께 미세먼지 지수를 예보하는 것이 현실이 되었다.

공기 중을 떠다니는 먼지는 공기역학적 지름이 10 μm 이하인 미세먼지(PM_{10})(particulate matters less than 10 μm)와 2.5 μm보다 작은 초미세먼지($PM_{2.5}$)(particulate matter less than 2.5 μm)로 구분한다. 크기가 상대적으로 작고 비표면적이 큰 초미세먼지의 경우 인체 건강 유해성이 훨씬 심각하다는 것이 알려져 있어 대기 질 기준도 미세먼지뿐만 아니라 초미세먼지를 따로 두고 있다.

2016년 세계보건기구(WHO)의 발표에 의하면 우리나라의 초미세먼지 수준은 WHO 권고수준보다 2배 이상 높고, 91개 국가 중 50위, 특히 서울은 전 세계 1,615개 도시 중 1,094위로 우리나라의 초미세먼지 오염이 심각한 수준에 있음을 보여준다. 2013년 이후 초미세먼지 주의보의 발령일수가 계속해서 증가함에 따라 초미세먼지에 대한 국민적 관심과 불안감이 고조되고 있다. 이제 초미세먼지는 전 국민의 관심사가 되었으며 국가적으로 해결해야 할 현안이 되었다.

국내 초미세먼지의 농도가 높은 이유는 크게 내부 요인과 외부 요인으로 나누어 생각할 수 있다. 우리나라는 좁은 땅덩어리에 많은 인구와 자동차, 산업시설이 밀집되어 있으며, 에너지 사용량이 증가(특히 석탄화력발전소 비중 증가)하고 있는 등의 내부 요인과 최근 산업화가 급속히 가속되고 있는 중국의 풍하 지역에 위치하여 중국에서 날아오는 장거리 이동 미세먼지가 우리나라에 큰 영향을 주고 있다(외부 요인). 또한 한반도 기후 및 기상의 변화로 인해 공기정체 현상의 증가도 초미세먼지 농도 증가에 영향을 끼친다고 한다. 그러나 불행하게도 국내 미세먼지 오염의 정확한 원인은 명확하게 밝혀지지 않고 있다. 반면 중국은 막대한 예산을 투자하여 자국의 미세먼지 오염의 원인을 규명하기 위한 많은 노력을 하고 있으며 미세먼지 연구를 위한 첨단 연구기반은 우리나라를 앞서고 있다.

미세먼지(초미세먼지 포함)의 객관적이고 과학적인 원인규명은 미세먼지의 물리화학적 특성 측정에 기반을 두고 시작된다고 할 수 있다. 가장 근본적인 미세먼지의 물리화학적 특성자료를 측정하고 객관적이고 장기적인 자료를 확보함으로써 미세먼지의 국내 원인을 규명하고 외부 유입에 대한 과학적인 근거를 마련할 수 있을 것이기 때문이다. 미세먼지의 정확한 내부 및 외부 원인이 규명된다면 최적의 솔루션과 실효성 있는 규제정책을 세울 수 있고 중국이나 일본 등 주변국과의 외교적 협상도 원활하게 진행할 수 있을 것이다.

미세먼지의 특성 규명은 '더 빠르게', '더 많은 곳에서', '더 많은 것을', '더 오랫동안' 측정하는 것이 중요하다. 이 밖에 지상관측뿐만 아니라 입체적 모니터링도 미세먼지 원인 및 이동을 규명하는 데 상당히 중요한 비중을 차지한다. 이에 이 책에서는 다양한 미세먼지의 물리화학적 특성 및 독성 등의 지상 측정기술과 원격, 항공, 인공위성 등을 활용한 입체 측정기술을 소개하고 앞으로 미세먼지 모니터링 연구개발 방향 및 전망을 기술하였다. 정확한 진단이 정확한 처방을 마련할 수 있게 하기 때문이다.

이 책이 우리나라의 미세먼지 측정 관련 과학기술의 수준과 역량을 높이는 데 조금이나마 기여할 수 있게 되기를 희망하며, 이 책이 출간되기까지 도움을 준 광주과학기술원(GIST) 초미세먼지진단 센터 소속 맹현옥 박사과정 학생과 정지효 박사에게 감사를 전하고 싶다.

2018년 6월

박기홍, 김영준

차 례

Part. 4
정확한 진단이 최선의 방책을 만든다
다양한 초미세먼지 측정기술

Part. 5
초미세먼지 측정기술의 미래

Part. 1

초미세먼지는 무엇이고
왜 문제가 되는가?

초미세먼지는 무엇이고 왜 문제가 되는가?

초미세먼지의 정의

공기 중에 떠다니는 고체 또는 액체 형태의 입자를 통틀어 에어로졸(aerosol)이라고 한다. 에어로졸에는 연무나 황사 등도 포함되는데 특히 10 μm 작은 먼지를 미세먼지(particulate matter less than 10 μm(PM_{10})라고 하고, 2.5 μm의 작은 먼지는 초미세먼지(particulate matter less than 2.5 μm($PM_{2.5}$)라고 한다〈그림 1 참조〉. 최근 국내에서는 미세먼지(PM_{10})와 초미세먼지($PM_{2.5}$)를 '미세먼지'로 통일하는 방안을 추진 중에 있다. 봄철 우리나라의 미세먼지 농도에 영향을 주는 황사(Asian dust or Yellow dust)는 공

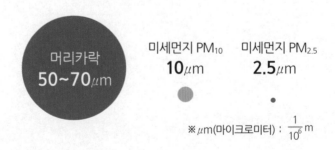

머리카락
50~70μm

미세먼지 PM₁₀
10μm

미세먼지 PM₂.₅
2.5μm

※ μm(마이크로미터) : $\frac{1}{10^6}$ m

그림 1. **미세먼지 및 초미세먼지 정의**(출처: 환경부, 2012)

기 중에 떠다니는 모래먼지/흙먼지를 지칭한다. 황사는 지표의 상태(사막, 눈덮임, 강수의 양 등)와 풍속 등에 비례하여 흙먼지가 지표면에서 대기 중으로 올라가면서 자연적으로 발생하며 주로 중국과 몽골 사막에서 한반도로 유입되고 있다. 보통 황사는 초미세먼지 크기보다 크다.

초미세먼지의 영향

초미세먼지는 인체 건강에 유해하며 기후변화, 생태계 등에 중요한 역할을 한다. 초미세먼지는 그 크기가 작아 인간의 폐 깊숙이 침투할 수 있고 세포벽 사이를 이동할 수 있다고 알려져 있다〈그림 2〉. 그림에서 보는 것처럼 크기가 작은 입자가 상대적으로 투과성(penetration)과 다른 기관으로의 이동(translocation)이 쉽고 호흡 시 인체의 폐 및 호흡기 시스템에 침전효율(deposition efficiency)이 매우 크다는 것을 확인할 수 있다.

투과성과 인체 폐 세포 등에 침전효율이 높은 초미세먼지들은 높은 비표면적(surface area to volume ratio)과 개수 농도(number concentration)로 인해 반응성(reactivity) 및 독성(toxicity) 또한 큰 입자에 비교하여 상당히 높다고 알려져 있다. 〈그림 3〉은 같은 질량의 입자이지만 초미세먼지가 크기

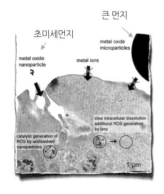
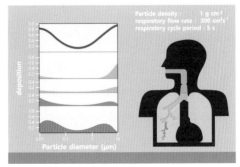

그림 2. **초미세먼지 투과성 비교**(출처: LK Limbach et al., 2009)**(좌)와 초미세먼지 크기에 따른 침전효율**(출처: Joachim Heyder, 2004)**(우)**

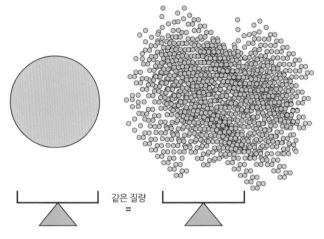

같은 질량
=

그림 3. 높은 비표면적의 초미세먼지

가 작고 개수 농도가 훨씬 높게 되어 반응성 및 독성이 높아질 수 있다는 것을 보여준다.

호흡기 등으로 유입된 초미세먼지는 인체의 자체보호 메커니즘에 의해 보통 제거된다. 또한 인체 내의 항산화(antioxidation) 기능이 미세먼지에 의한 산화물질 발생을 저감하여 인체를 보호한다. 하지만 높은 개수 농도로 유입되는 초미세먼지로 인해 모든 먼지가 제거되지 않고 표피/상피세포를 통과하여 많은 활성산소(reactive oxygen species)와 산화스트레스(oxidative stress)를 발생하여 세포의 괴사(cell death) 등을 일으킨다고 알려져 있다(Maura Lodovici and Elisabetta Bigagli., 2011). 최근에는 호흡기 질환뿐만 아니라 인체의 기관(예, 심장)으로 이동하여 심혈관 질환, 뇌질환 발생과 조기사망에도 영향을 준다고 보고되고 있다(WHO, 2013).

초미세먼지는 기후변화에도 중요한 영향을 미친다. 대기 중에 떠 있는 에어로졸은 지구에 도달하는 태양 빛을 흡수(absorption) 및 산란(scattering)함으로써 지구 복사열평형에(radiation balance) 큰 영향을 준다(기후변화협약보고서, 2013). 미세먼지의 종류에 따라 냉각 효과(cooling effect) 및 온난 효과(warming effect)를 일으킨다고 알려져 있고 그 작용이 복잡하

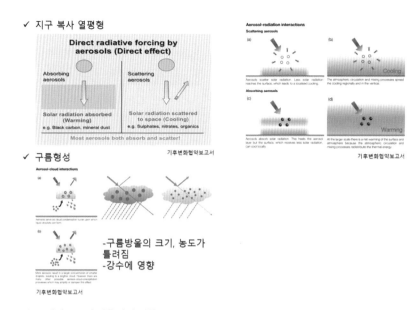

✓ 지구 복사 열평형

✓ 구름형성

-구름방울의 크기, 농도가 틀러짐
-강수에 영향

그림 4. 에어로졸의 기후변화 영향(출처: 기후변화협약보고서, 2013)

여 지속적인 연구가 진행되고 있다. 또한 에어로졸은 구름형성의 핵(cloud condensation nuclei, CCN)으로 작용함으로써 대기 중 구름형성(cloud formation)에도 중요한 역할을 한다(기후협약보고서, 2013). 입자의 종류, 크기 등에 따라 구름물방울의 물리화학적 특성도 달라지고 구름의 특성에 영향을 주며 강수에도 영향을 준다. 즉, 에어로졸은 지구 복사열평형과 구름형성을 통해 지구의 기후변화에 매우 큰 영향을 주고 있고 불확실성이 가장 큰 인자라고 알려져 있다.

초미세먼지 발생원 및 생성기작

초미세먼지 발생원은 인위적 발생원과 자연적 발생원으로 구분할 수 있다. 인위적 발생원은 자동차, 공장, 생활오염 등 인간이 만들어내는 먼지가 포함되고(주로 연소에 의해 발생), 자연적 발생원은 사막, 바다, 화산폭발, 꽃가루 등이 포함된다. 또한 생성기작에 따라 1차 배출 초미세먼지(primary aerosols)와 2차 생성 초미세먼지(secondary aerosols)로 구분할 수 있다. 1차 배출 초미세먼지는 다양한 발생원에서 입자상 물질로 직접 배출되는 먼지를 말하고, 2차 생성 초미세먼지는 대기 중 화학반응을 통해 기체상태에서 입자상 물질로 변환한 입자를 지칭한다〈그림 5 참조〉. 대기 중에 기체 상태로 배출된 질소산화물(NOx), 황산화물(SO_2)과 휘발성유기화합물(volatile organic carbons, VOC)이 복잡한 반응을 통해 대기 중에서 각각 질산염(nitrate), 황산염(sulfate), 유기입자(organic aerosol)로 변환을 하게 된다.

〈그림 6〉은 2차 생성 초미세먼지의 대기 중 화학반응 기작을 나타낸 것이다. 질소산화물(NOx), 황산화물(SO_2)과 휘발성유기화합물(VOC)의 전구물질이 대기 중 다양한 산화제(OH, O_3, nitrate radicals)와 화학반응을 통해 휘발성이 작은 증기로 변환을 하게 되고 증기압이 낮은 증기가 축적되면서 특정한 조건에서 입자화(nucleation)가 이루어진다. 아주 작은 나노입자가

그림 5. **다양한 초미세먼지의 발생원**

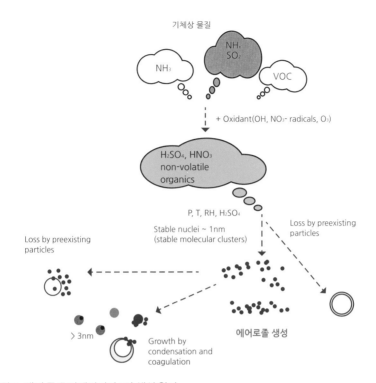

기체상 물질

NH₃

NH₄
SO₂

VOC

+ Oxidant(OH, NO₃- radicals, O₃)

H₂SO₄, HNO₃
non-volatile
organics

P, T, RH, H₂SO₄

Stable nuclei ~ 1nm
(stable molecular clusters)

Loss by preexisting
particles

Loss by preexisting
particles

〉3nm

Growth by
condensation and
coagulation

에어로졸 생성

그림 6. 대기 중 초미세먼지의 2차 생성 원리

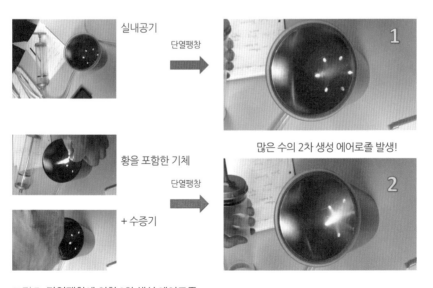

실내공기

단열팽창

1

황을 포함한 기체

단열팽창

+ 수증기

많은 수의 2차 생성 에어로졸 발생!

2

그림 7. 단열팽창에 의한 2차 생성 에어로졸

생성되기도 하고 기존의 입자에 응축(condensation)되어 기존 입자의 크기 및 질량 증가에 기여하게 된다.

2차 생성 초미세먼지를 실내에서 간단한 테스트를 통해 확인할 수 있다. 단순한 실내 공기를 단열팽창(adiabatic expansion)하여 과포화(supersaturation)를 만들면 입자가 생성되는 것을 빛의 산란을 통해 확인할 수 있다〈그림 7〉. 이 밖에 추가적으로 밀폐된 용기에 황을 포함한 기체(성냥을 태워서 황 성분 공급)와 수증기(입김으로 수증기 공급)를 넣은 뒤 단열팽창시키면 훨씬 많은 입자가 생성되어 산란되는 빛의 강도가 매우 크다는 것도 확인할 수 있다. 일반 대기 중에서도 이러한 원리를 통해 특정 전구체가 축적되고 과포화가 형성되어 2차 생성 초미세먼지가 만들어진다.

앞서 언급된 것처럼 초미세먼지의 발생원과 생성기작이 다양하여 대기 중 초미세먼지는 복잡한 물리화학적 특성 및 모양을 가지게 된다. 실제 대기 중 초미세먼지를 포집하여 전자투과현미경(transmission electron microscopy, TEM)으로 살펴보았을 때 그림처럼 다양한 모양과 원소들을 포함하고 있음을 확인할 수 있다. 또한 주요 발생원별로 초미세먼지를 필터에 포집한 후 사진을 찍어보면 색깔도 다양함을 그림에서 확인할 수 있다〈그림 8 참조〉. 즉, 대기 중 초미세먼지는 다양한 발생 원인으로 인해 물리화학적 특성이 달라져 인체의 유해성 및 기후변화 영향도 달라질 것으로 예상된다.

일단 대기 중에 생성 또는 배출된 초미세먼지들은 다양한 물리화학적 변환 과정을 빠르게 경험하게 된다. 응축성장(condensation), 증발(evaporation), 응집(coagulation), 분해(breakdown), 화학반응(chemical reaction) 과정 등을 통해 동적으로 크기 및 화학성분 등이 변환하게 된다(aerosol dynamics). 즉, 1차적으로 직접 배출되고 2차 생성된 입자가 계속 물리화학적 특성의 변화(노화, aging)를 경험하므로 이들의 변화과정을 정확히 모니터링하기 위해서는 실시간 측정시스템이 필요하다. 특히, 외부에서 장거리 유입되는 초미세먼지나 오랫동안 대기 중에 부유한 초미세먼

다양한 초미세먼지 샘플들

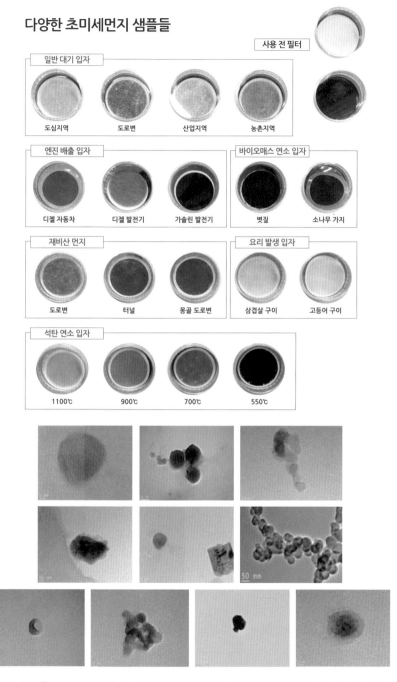

사용 전 필터

일반 대기 입자
도심지역 | 도로변 | 산업지역 | 농촌지역

엔진 배출 입자
디젤 자동차 | 디젤 발전기 | 가솔린 발전기

바이오매스 연소 입자
볏짚 | 소나무 가지

재비산 먼지
도로변 | 터널 | 몽골 도로변

요리 발생 입자
삼겹살 구이 | 고등어 구이

석탄 연소 입자
1100℃ | 900℃ | 700℃ | 550℃

그림 8. 발생원별 필터 포집 후 초미세먼지(위)와 전자투과현미경으로 관찰한 대기 중 초미세먼지(아래)

017

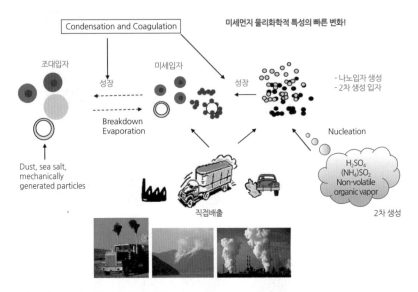

그림 9. 대기 중 초미세먼지 변환 과정

지는 노화를 통해 물리화학적 특성이 변화하므로 초기 발생부터 사멸까지 전 주기적 에어로졸 모니터링 시 필요한 것이다.

Part. **2**

우리나라의 초미세먼지는
어떠한가?

우리나라의 초미세먼지는 어떠한가?

국내 초미세먼지 현황과 저감 대책

우리나라의 초미세먼지 농도는 세계적으로 나쁜 편에 속한다. 세계보건기구(WHO) 2016년 자료에 의하면, 한국의 연평균 초미세먼지 농도는 91개국 중에서 50위를 기록하고 있고, 서울의 경우 1,615개 도시 중에서 1,094위이

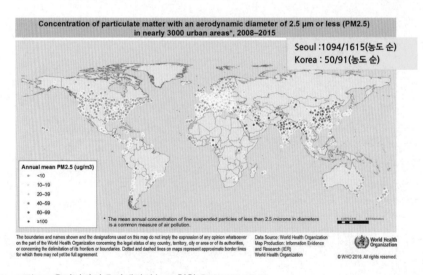

그림 10. 우리나라의 초미세먼지 농도 현황(출처: WHO, 2016)

다. 2008년부터 2015년까지 연평균 초미세먼지 측정농도를 이용하여 산출한 결과인데, 우리나라의 경우 좁은 땅덩어리에 많은 산업시설이 집적화되어 있고 인구밀도가 높고 에너지 사용량이 많아 자체적으로 만들어내는 초미세먼지의 농도가 높을 뿐만 아니라, 중국 등 세계적으로 초미세먼지의 농도가 높은 국가들의 풍하 지역에 (편서풍 영향) 위치하고 있어 외부에서 유입되는 초미세먼지도 우리나라의 연평균 초미세먼지 농도에 영향을 미친 것으로 판단된다. 이 밖에 기후 및 기상 변화(예, 대기 흐름 정체)도 초미세먼지 농도에 영향을 줄 수 있다. 그러나 정확한 원인 규명을 위한 과학적 근거는 아직 많이 부족한 상태이다.

물론 우리 정부나 서울시에서도 초미세먼지와 관련한 다양한 대책을 수립하고 초미세먼지 저감 노력을 기울이고 있지만 초미세먼지 농도는 나아질 기미를 보이지 않고 있다. 최근의 초미세먼지 관련 정부 대책을 정리하면 아래와 같다.

① '02년 12월 수도권 대기개선 특별대책 수립
② '05년 11월 1차 수도권 대기환경관리 기본계획 수립(2005~2014)
③ '09년 01월 1차 실내공기 질 관리 기본계획 수립(2009~2013)
④ '13년 12월 2차 수도권 대기환경관리 기본계획 수립(2015~2024)
⑤ '13년 12월 미세먼지 종합대책 수립
⑥ '15년 02월 2차 실내공기 질 관리 기본계획 수립(2015~2019)
⑦ '15년 12월 2차 대기환경개선 종합계획
⑧ '16년 06월 미세먼지 관리 특별대책 수립(미세먼지 기술개발 종합계획 수립)
⑨ '16년 11월 부처합동, 과학기술기반 미세먼지 대응전략: 정부는 미세먼지 대응 및 세부이행 계획 수립('16. 6)에 따른 미세먼지의 과학적 해답 마련 절실
  - 9대 국가전략프로젝트 중 하나로 선정('16. 8)
  - 범부처 미세먼지 관리 특별 대책에서 '26년까지 유럽 주요 도시의 현재 수준으로 미세먼지 질을 개선을 목표로 함. 서울의 초미세먼지 농

도: '15년 23 μg/m³ → '26년 18 μg/m³

- 미세먼지 관리 특별 대책 세부이행 계획 수립: 미세먼지 대응 4대 부문 과학 기술개발 솔루션 마련(발생/유입, 측정/예보, 집진/저감, 보호/대응)

⑩ '17년 문재인 대통령 초미세먼지 관련 공약

- 석탄화력 발전소 감축
- '20년까지 연료를 석탄에서 바이오 연료로 바꾸고 '25년까지 삼천포와 영흥발전소의 환경설비를 교체·보강
- 신재생발전 비율을 현 5.7%에서 '25년까지 20%로 증대
- 경유차 감축
  전기·수소차 고속도로 통행료 9월부터 50% 할인 정책 시행
- 친환경차 보급 확대
  신규 구매차량 70%는 전기차 및 친환경차로 대체
  친환경차 구매 보조금도 대폭 확대
  미세먼지 총량관리제와 LPG 차량 도입 확대
- 산업 및 생활환경 개선
  미세먼지 관리 T/F를 설치하고, 노면청소차량 확충, 천연 공기청정기 치유숲길 확대
- 미세먼지 취약계층 지원
  초·중·고교 내 미세먼지 관련 인프라 확충
  취약계층 393억 원 지원
  미세먼지 대책 학교보건법 및 동법 시행령 개정 촉구 건의안, 상임위 통과
  건강 취약계층을 위한 취약계층 이용시설에 공기 청정기 보급 확대

이와 더불어 초미세먼지 관련 법령개정도 최근에 다음과 같이 이루어지고 있는 상태이다.

① 수도권 대기환경개선에 관한 특별법(2003): 대기오염물질 총량 관리 시행(2005)

② 환경정책기본법 개정(2012): 초미세먼지 대기환경기준 마련 및 시행(2015)

③ 실내공기질관리법 개정(2015): 다중이용시설 등 실내공기 질 관리 계획 수립 및 시행(2016)

④ 대기환경보전법 개정(2015): 대기오염경보제 개정(미세먼지/초미세먼지 주의보 및 경보), 초미세먼지 환경기준 제정

⑤ 대기환경보전법 개정(2016): 사업장 배출 허용기준 강화(석탄화력, 주유소), 측정기기 관리대행업 등록제 시행(2017)

서울의 초미세먼지 및 미세먼지 농도는 〈그림 11〉에 나와 있는 것처럼 2000년 초반부터 감소하다가 2011년 이후 정체되었고, 2016년에는 오히려 증가하였다. 수도권의 경우 수도권 대기환경개선 1차 대책(2005~2014)과 대기환경개선 2차 대책(2015~2024)을 마련하여 진행하고 있지만 초미세먼지 농도는

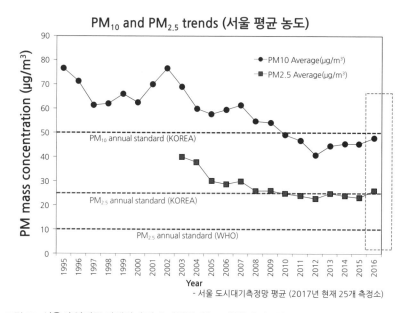

그림 11. **서울시 연평균 미세먼지 및 초미세먼지 농도 변화**(출처: 서울시 도시대기측정망 자료, 2017)

개선되고 있지 않다. 세계보건기구의 연평균 기준 농도(10 µg/m³)보다 2배 이상 높고 일평균 기준(25 µg/m³)을 초과한 날도 증가하였다. 특히 2015년 일평균 기준을 초과한 날은 124일(전체의 34%)이나 되었다. 초미세먼지 저감을 위해서는 과학적으로 초미세먼지 생성 및 발생 원인을 먼저 규명하고 효율적인 저감 대책 수립이 절실한 이유이다.

국내 고농도 초미세먼지 발생 요인

그렇다면 최근 몇 년간 우리나라에 고농도 미세먼지가 발생하는 요인은 무엇일까?

이에 대해 크게 내부 요인과 외부 요인으로 나누어 살펴보면 다음과 같다. 내부 요인으로는 첫째 우리나라의 에너지 사용량 증가(석탄화력발전 비중 증가)를 들 수 있다. 에너지 사용과 초미세먼지 발생은 높은 연관성을 가지며 특히 석탄화력발전에서 훨씬 많은 오염물질이 나온다고 알려져 있다(1차 배출 초미세먼지 및 2차 생성 초미세먼지의 전구체). 2014년 기준 우리나라 석탄화력발전 비율은 전체 에너지원의 28%를 차지하고 있다.

둘째로는 단위 면적당 산업시설 및 인구밀도가 높다는 점이다. 초미세먼지는 배출농도가 높더라도 확산 및 희석을 통해 농도가 낮아질 수 있다. 수도권 인구밀도는 계속 높아지고 있고 앞으로도 증가할 것으로 예상된다. 셋째로는 우리나라의 현저히 낮은 대기환경기준이다. 우리나라는 초미세먼지 대기환경 기준이 다른 나라에 비해 가장 늦게 수립되었고, 기준 농도(24시간 평균=50 µg/m³, 연평균=25 µg/m³)도 선진국에 비해 느슨한 편으로 세계보건기구 기준에 비교하면 2배 이상 높은 수치이다. 초미세먼지 대기환경기준이 2015년에 마련되었지만 대형사업장, 중소사업장 등의 초미세먼지 배출규제농도는 2017년 현재 수립되지 않는 상태이며(총 부유먼지(total suspended particles) 배출기준만 존재), 실내 환경에서의 초미세먼지 농도 기준 역시 최근에야 도입되었다. 총 부유먼지 기준은 입자의 크기에 상관없이 공기 중에 부유한 모

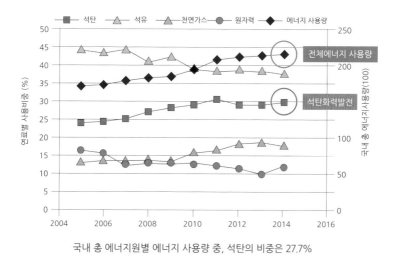

국내 총 에너지원별 에너지 사용량 중, 석탄의 비중은 27.7%

그림 12. **우리나라 에너지 사용량의 변화**(출처: 에너지 통계연보, 2015)

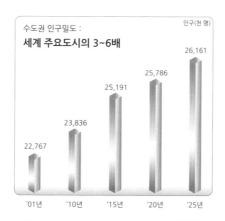

그림13. **수도권 인구밀도 변화**(출처: 2차 수도권 대기환경관리 기본계획, 2013)

든 먼지에 대한 기준이다. 따라서 크기가 매우 큰 입자들에 의해 총 부유먼지의 질량농도가 결정되어 인체의 유해성이 큰 작은 입자들에 대해 정확한 정보를 제공해주는 것과는 거리가 멀다고 할 수 있다.

넷째로는 기상 및 기후변화이다. 기후변화로 인해 대기 중의 오염농도가 영향을 받기도 하는데 대기 흐름이 정체되면 초미세먼지가 확산되거나 희석되는 것을 막고 계속 축적되어 초미세먼지 농도가 증가하는 것이다. 이에 기후

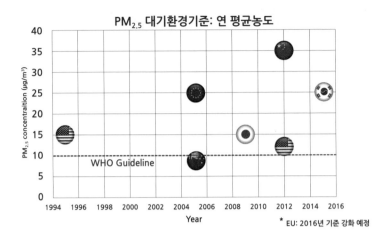

PM$_{2.5}$ 대기환경기준: 연 평균농도

*EU: 2016년 기준 강화 예정

■ **국가별 대기환경기준**

출처 : 대기환경연보 2012

■ **WHO 권고기준과 잠정목표**

항목	기준시간	한국	미국	일본	영국	호주	홍콩	중국	EU	권고기준	잠정목표3	잠정목표2	잠정목표1
PM$_{10}$ ($\mu g/m^3$)	1시간			200									
	24시간	100	150	100	50		180	150	50	50	75	100	150
	년	50			40	50	55	100	40	20	30	50	70
PM$_{2.5}$ ($\mu g/m^3$)	24시간	50	35	35		25		75"		25	37.5	50	75
	년	25	15	15	25	8		35"	25	10	15	25	35

*중화인민공화국 공고(GB3095·2012, 제7호)일반 2급 목표

그림 14. **국가별 초미세먼지 기준 비교**(출처: 한국과학기술한림원, 2016; 대기환경연보, 2012)

변화와의 초미세먼지 농도변화와의 연관성은 앞으로 많은 추가적인 연구가 필요하다.

다음으로 외부 요인으로는 장거리 이동 초미세먼지의 유입(국가 간 월경성 초미세먼지)을 들 수 있다. 우리나라는 장거리 이동에 의한 초미세먼지 유입이 많다. 특히 우리나라의 초미세먼지 농도는 중국의 농도 변화와 긴밀한 연관성을 갖고 있다. 즉, 중국에서 미세먼지 고농도 사례가 발생한 후 서울에서도 고농도 사례가 발생하는 경우가 빈번히 존재한다. 중국 베이징의 경우 세계보건기구 일평균 농도를 초과한 경우가 80%에 달한다(2014~2016년 평균). 결론적으로 우리나라는 세계적으로 초미세먼지 농도가 매우 높은 중국의 풍하 지역에 있어 장거리 이동 초미세먼지의 영향을 크게 받는다고 볼 수

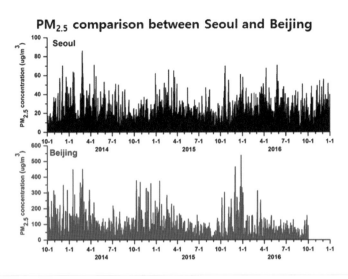

PM$_{2.5}$ comparison between Seoul and Beijing

	Seoul (2013/10/01-2016/12/31)					Beijing (2013/10/01-2016/09/30)			
	PM$_{2.5}$(Ave ± std) : 24.2 ± 12.3μg/m^3					PM$_{2.5}$(Ave ± std) : 83.4 ± 74.6μg/m^3			
	PM$_{2.5}$(Max) : 86.0μg/m^3					PM$_{2.5}$(Max) : 537.3μg/m^3			
	2014	2015	2016	Total	2급 지역기준	2014	2015	2016	Total
WHO 일평균 (25 μg/m^3) 초과	130/365 (35.6%)	124/365 (34.0%)	166/366 (45.4%)	420(1096) (38.8%)	WHO 일평균 (25 μg/m^3) 초과	318/365 (87.1%)	293/365 (80.3%)	199/274 (72.6%)	810/1004 (80.7%)
일평균 (50 μg/m^3) 초과	17/365 (4.7%)	11/365 (3.0%)	13/366 (3.6%)	41/1096 (3.7%)	일평균 (75 μg/m^3) 초과	181/365 (49.6)	143/365 (39.2%)	73/274 (26.6%)	397/1004 (39.5%)

(http://cleanair.seoul.go.kr, www.stateair.net)

그림15. 서울과 베이징의 초미세먼지 농도 비교(출처: 수도권 대기환경청 및 중국 미 대사관 대기측정자료, 2013~2016)

있다.

 우리나라의 초미세먼지 배출 기여도를 수도권과 전국으로 나누어 산출하였다(환경부, 2013). 초미세먼지 배출량(1차 발생) (국립환경과학원CAPSS, 2013)의 경우 수도권은 비산먼지 기여도가 가장 높고 전국에서는 사업장(제조업 연소)이 가장 높게 산정되었다. 초미세먼지 배출량 자료와 대기 질 모델을 사용하여 2차 생성 미세먼지 농도를 계산하고 확산모델로 배출원별 기여도를 산정한 결과, 수도권은 경유차의 비중이 가장 높았고 전국에서는 사업장(제조업 연소)이 가장 높게 산정되었다. 하지만 가장 최근 자료가 2013년 자료이며,

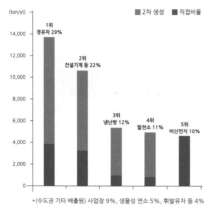

*(수도권 기타 배출원) 사업장 9%, 생물성 연소 5%, 휘발유차 등 4%

■ 수도권 배출량

(unit : ton/yt)

배출원		대기오염물질		
		PM₂.₅	SOx	NOx
에너지산업연소	발전소	697(4%)	11,088(29%)	24,406(7%)
사업장	제조업연소	300(2%)	3,941(10%)	11,507(4%)
	생산공장	206(1%)	4,657(12%)	4,056(1%)
	폐기물처리	63(0.4%)	689(2%)	2,945(1%)
냉난방 등	비산업연소	383(2%)	8,653(23)	42,724(13%)
	기타면오염원	90(1%)		57(0.02%)
도로이동오염원	경유차	3,769(24%)	46(0.1%)	143,474(44%)
	휘발유차 등		30(0.1%)	25,027(8%)
비도로이동오염원	건설기계 등	3,328(21%)	8,837(23%)	68,355(21%)
생활주변오염원	비산먼지	4,775(30%)		
	생물성연소	2,122(13%)	24(0.1%)	1,072(0.3%)
합계		15,733(100%)	37,965(100%)	323,623(100%)

■ 전국 PM₂.₅ 배출 기여도

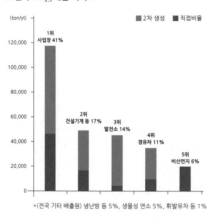

*(전국 기타 배출원) 냉난방 등 5%, 생물성 연소 5%, 휘발유차 등 1%

■ 전국 배출량

(unit : ton/yt)

배출원		대기오염물질		
		PM₂.₅	SOx	NOx
에너지산업연소	발전소	3,573(3%)	97,565(23%)	177,219(15%)
사업장	제조업연소	41,606(39%)	95,836(24%)	178,034(16%)
	생산공장	4,829(5%)	108,333(27%)	55,151(5%)
	폐기물처리	202(0.2%)	6,517(2%)	9,529(1%)
냉난방 등	비산업연소	1,226(1%)	31,101(8%)	88,769(8%)
	기타면오염원	279(0.3%)		165(0.02%)
도로이동오염원	경유차	11,134(10%)	117(0.03%)	284,700(26%)
	휘발유차 등		72(0.02%)	51,021(5%)
비도로이동오염원	건설기계 등	13,953(13%)	65,119(16%)	246,027(23%)
생활주변오염원	비산먼지	17,127(18%)		
	생물성연소	12,681(12%)	148(0.04%)	9,110(1%)
합계		106,610(100%)	404,808(100%)	1,099,724(100%)

그림 16. **수도권과 전국의 초미세먼지 배출 기여도**(출처: 국립환경과학원 대기오염 배출량 통계, 2013)

산출된 기여도에 관한 과학적 근거가 부족한 상태이다. 사업장에서 연료 사용 등에 의한 추정에 근거한 미세먼지 배출 기여도 산정이 대부분이고 측정 자료 역시 부족하며, 2차 생성 과정에 대한 이해도 또한 부족하기 때문에 과학적인 자료 생산에 많은 어려움이 있다. 이 때문에 앞으로 지금보다 좀 더 정확한 초미세먼지 배출량 등을 과학적으로 산출하고 2차 생성 초미세먼지 규명 등의 연구가 진행되어야 한다.

Part. **3**

우리나라 초미세먼지 핵심 현안 및
대응방안

우리나라 초미세먼지 핵심 현안 및 대응방안

초미세먼지 관련 핵심 현안

우리나라의 초미세먼지 관련 핵심 현안과 대응방안에 대해서 정리하였다. 고농도 스모그의 발생 원인, 외부 유입 기여도, 내부 요인 기여도(경유차, 석탄화력발전소 등), 고농도 예보 정확도, 장기간 예보, 인체 위해성, 맞춤형 대처요령, 미세먼지의 종합적인 정보, 실내 환경 미세먼지 노출정보 등에 대한 정확한 답을 국민에게 제공하지 못하고 있는 실정이다. 국민에게 과학적 근거가 확실한 답을 하기 위해서는 장기적이고 체계적인 측정자료 확보, 한국 실정에 맞는 모델 개발 등의 다양한 노력이 우선되어야 한다.

대기 중 초미세먼지 농도는 외부 유입, 내부 배출, 반응 생성, 제거, 외부 유출 과정에 의해 결정되게 된다〈그림 18〉. 즉, 대기 중 초미세먼지의 농도를 저감하기 위해서는 위의 모든 프로세스에 대한 과학적 이해와 더불어 각 프로세스별 효율적 저감 대책이 수행되어야 한다. 대기 중의 초미세먼지는 호흡기 등을 통해 인체에 노출되고 건강에 영향을 주게 된다. 실제 개인의 위치, 노출 시간 등에 따라 노출 정도가 다르다. 현재 대기 중 초미세먼지 농도는 개인이 위치한 곳에서 가장 가까운 대기측정소에서 관측한 초미세먼지 농도가 제공되고 있다(www.airkorea.com). 그러나 대기 측정소의 수가 그렇

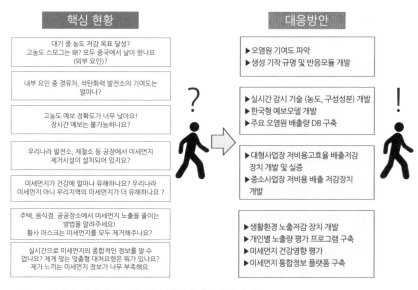

그림 17. 국내 초미세먼지 관련 핵심 현황과 대응방안 개념도

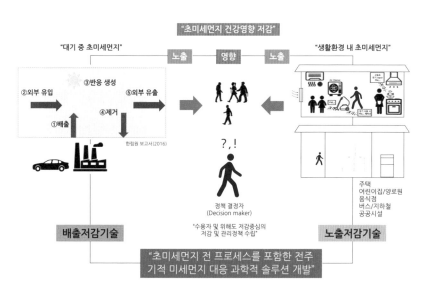

그림 18. 초미세먼지 건강영향 저감을 위한 미세먼지 대응 솔루션 개발 개념도(출처: 한국과학기술한림원, 2016)

게 많지 않고 측정위치는 실제 개인이 노출되는 지점과 다른 경우가 많아 개인의 노출 농도를 정확히 산출하기가 어려운 실정이다. 그러므로 실외활동 중 개인별 노출농도를 좀 더 정확히 제공해줄 수 있는 측정망 구축이 필요하다. 하루에 평균적으로 개인이 가장 많은 시간을 보내는 곳은 실외가 아니라 실내공간이다. 그런데 실내에서도 다양한 발생원에 의해 초미세먼지 농도가 증가할 수 있다. 즉 외부 미세먼지의 유입, 요리, 담배, 쌓여 있는 먼지의 흩어짐 등에 의해 실내 초미세먼지 농도는 높아질 수 있고 이에 노출될 수 있다. 일반 주택뿐만 아니라 직화구이시설이 있는 곳, 작업장 등 다양한 실내공간에서 초미세먼지는 발생하고 존재하게 된다. 따라서 주택 및 다양한 실내시설에 대한 초미세먼지 측정, 분석 및 모델링을 통해 초미세먼지의 발생 및 특성을 규명하고 적절한 실내 환경 초미세먼지 기준을 마련하고 적용해야 할 것이다. 특히, 일반 성인보다 초미세먼지에 훨씬 취약한 어린이, 노인이 많은 시간을 보내는 어린이집, 양로원 등에 대한 효율적인 관리와 대책이 시급하다고 할 수 있다. 결론적으로 대기 또는 실내 미세먼지에 대한 과학적 규명이 먼저 이루어지고 이에 대한 실효성 있는 규제 및 관리대책을 마련하고 다양한 배출저감기술, 노출저감기술을 적용해야 한다.

대기 중 초미세먼지 농도 저감 대응책

이를 위한 가장 핵심적인 대책은 대기 중 초미세먼지의 농도를 저감하는 것이다. 정부는 2023년 대기 중 초미세먼지의 농도 목표를 20 $\mu g/m^3$으로 설정하였다. 이러한 목표를 달성하기 위해서는 정부뿐만 아니라 산학연 기관과 국민 모두의 공동 노력이 필요할 것이다. 이미 설명한 것처럼 대기 중 초미세먼지 농도를 저감하기 위해서는 외부 유입 → 내부 배출 → 반응 생성의 3가지 과정에 대한 정확한 과학적 이해와 저감을 이루어내야 한다. 내부 배출과 반응 생성에 의해 발생한 초미세먼지 저감은 곧 1차 배출 초미세먼지와 2차 생성 초미세먼지를 동시에 저감함을 의미한다. 〈그림 19〉에 표시된 것처럼 1

차 배출 초미세먼지를 저감하기 위해서는 오염원별 배출량 정보 파악이 우선되어야 할 것이다. 배출량이 많은 오염원에 대한 초미세먼지 저감시설 및 장치를 설치하고 배출규제를 강화하도록 노력해야 한다. 그런데 2차 생성 초미세먼지 저감은 1차 배출 초미세먼지 저감과 비교하여 훨씬 복잡하고 어렵다. 특정 전구물질(질소산화물, 황산화물, 휘발성 유기화합물, 암모니아 등)이 대기 중 화학반응을 통해 초미세먼지가 생성되는데, 반응과정이 복잡하여 특정 전구물질에 대한 규제대책을 마련하기가 쉽지 않다. 또한 비선형성을 가지고 있어 얼마만큼의 초미세먼지가 생성되고 반응되는지 예측이 힘들다. 따라서 2차 생성 초미세먼지를 저감하기 위해서는 다양한 전구물질의 배출량, 입자 변환 효율, 반응경로 등에 대한 과학적 이해가 선행되어야 한다. 최근 스모그 챔버(smog chamber)* 실험 연구 등을 통해 2차 생성 초미세먼지 생성 원인

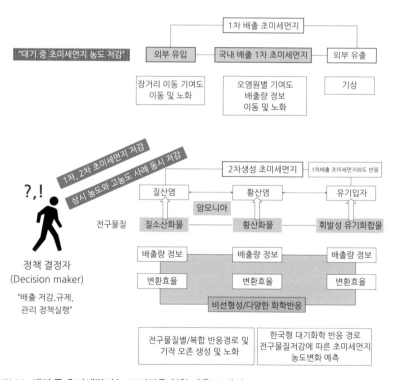

그림 19. 대기 중 초미세먼지 농도 저감을 위한 대응도(예시)

규명이 선진국 등에서는 활발하게 이루어지고 있는 점도 참고할 만하다. 또한 대기 중 초미세먼지 농도를 저감하기 위해서는 초미세먼지 상시 농도 사례와 고농도사례에 대한 철저한 분석과 저감이 필요하다. 보통 상시 농도는 국내의 지역적 영향이 많고 고농도 사례는 외부 유입이 상당한 영향을 미치고 있다. 그러나 이러한 경우 등도 지역별, 계절별로 시시각각 변하기 때문에 다양한 지역에서 지속적이고 장기적인 초미세먼지 연구조사(측정 및 모델링 연구)가 이루어져야 한다.

---

* **스모그챔버**(smog chamber)
자동차 배기가스 따위에 포함된 대기오염 성분 같은 시험 물질을 넣은 후 그것을 청정한 공기로 희석해서 실제의 대기오염 농도와 같은 상태를 인위적으로 만들어내는 장치

Part. **4**

정확한 진단이 최선의 방책을 만든다
다양한 초미세먼지 측정기술

정확한 진단이 최선의 방책을 만든다
다양한 초미세먼지 측정기술

초미세먼지 측정기술의 개요

　초미세먼지의 발생원과 생성 원인, 건강 영향, 기후변화 영향 등을 종합적으로 진단하고 이해하기 위해서는 초미세먼지의 다양한 물리화학적 특성을 먼저 측정해야 한다. 이것은 우리가 병원에서 종합건강검진을 받아 인체 건강을 진단하고 최선의 치료전략을 수립하는 것과 비슷한 개념이라고 할 수 있다. 초미세먼지의 종합적인 특성을 파악하기 위한 측정 변수(measurable parameters)는 입자의 모양(morphology), 입자의 크기(size), 입자의 밀도(density), 입자의 광학특성인 산란과 흡수(light scattering and absorption), 입자의 화학성분(chemical components), 입자의 흡습성(hygroscopicity), 입자의 휘발성(volatility), 입자의 구름응결핵 작용(cloud condensation nuclei activity), 입자의 질량농도(mass concentration), 입자의 수농도(number concentration), 입자의 독성(toxicity) 등이 있다〈그림 20〉. 이 중에서 질량농도와 수농도는 초미세먼지의 정량적인 양을 파악하는 데 사용된다. 이처럼 측정변수가 다양하기 때문에 측정변수에 따라 다양한 측정법과 장치가 개발되었고 지속적인 측정기술 개발연구가 진행되고 있다.

초미세먼지 측정법은 일단 비실시간 측정법(off-line measurement)과 실시간 측정법(real time measurement)으로도 구분할 수 있다. 비실시간 측정 방법은 기존에 많은 과거자료가 축적되어 있고 상세분석 및 정량화가 용이하다는 장점이 있는 반면, 실시간 측정법은 높은 시간 분해능으로 초미세먼지의 특성을 빠르게 진단할 수 있는 장점이 있다. 이 밖에 초미세먼지 측정법은 한 지상의 한 지점에서 측정하는 지상측정법(ground-based measurement), 모바일 자동차 등을 이용한 이동측정법(mobile-based measurement), 원격 및 인공위성으로 광범위한 초미세먼지 분포 특성을 측정하는 원격 및 입체 측정법(remote measurement)으로도 구분할 수 있다.

초미세먼지 물리학적 특성 측정기술

질량농도 측정기술

1) 필터 포집법(비실시간 측정방법)

초미세먼지의 질량농도(mass concentration)($\mu g/m^3$) 측정법은 필터에 24

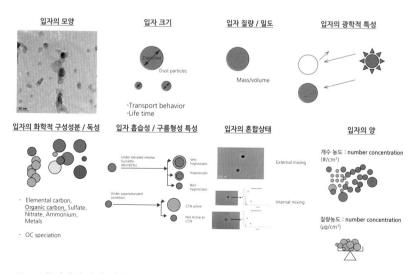

그림 20. 초미세먼지의 종합적 특성 파악을 위한 측정 변수들

시간 포집하여 정밀한 저울을 사용하여 무게를 측정한 후 유량을 계산해서 산출하는 비실시간 필터 포집법이 전통적으로 사용되어 왔다. 일정 크기 이하의 질량농도를 측정하기 위해서는 필터 포집 전 도입구(aerosol inlet)를 설치하는 것이 유효한데, 이 방법을 통해 미세먼지(<10 μm) 또는 초미세먼지(<2.5 μm)만을 포집하여 질량농도를 비실시간으로 산출할 수 있다. 이때 도입구의 기능은 특정 크기 이하만의 입자를 포집하기 위한 장치이다. 〈그림 21〉은 일정 크기 이상의 입자를 제거하기 위한 도입구로 사용되는 임팩터(Impactor)와 사이클론(cyclone)을 나타낸다. 임팩터에서는 관성력(inertial force)이 큰 입자(입자의 크기가 큰 입자)는 충돌판에 포집되어 제거되고, 사이클론에서는 입자 크기가 큰 입자는 원심력(centrifugal force)이 높아 벽면 또는 아래 부분에 포집되어 제거된다.

초미세먼지의 질량농도를 측정하기 위한 필터 포집 및 포집 후 분석 프로세스를 정리해보면 다음과 같다〈그림 22 참조〉.

① 필터 준비(보통 teflon membrane 필터 사용)
② 필터에 있을 전하 제거(중화기(neutralizer) 사용)
③ 일정 온도와 상대습도에 24시간 열역학적 평형상태로 저장

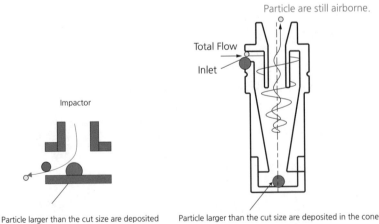

Particle are still airborne.

Total Flow

Inlet

Impactor

Particle larger than the cut size are deposited

Particle larger than the cut size are deposited in the cone

그림 21. 일정 크기 이상의 입자를 제거하기 위한 도입구로 사용되는 임팩터(좌)와 사이클론(우)

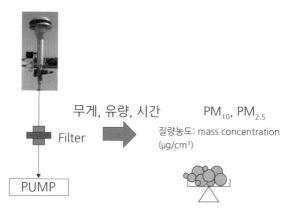

무게, 유량, 시간 $\quad$ PM$_{10}$, PM$_{2.5}$

Filter $\quad\Rightarrow\quad$ 질량농도: mass concentration (μg/cm^3)

PUMP

1. 필터 준비

2. 일정 온도와 상대습도에 24시간 저장

3. 정밀저울을 이용하여 필터 무게 측정

4. 샘플링 후 냉동 보관

그림 22. 초미세먼지 질량농도 측정을 위한 필터 포집법과 샘플링 전 필터 보관

④ 정밀저울을 사용하여 필터 무게 측정(blank filter) (mass 1)

⑤ 필터 홀더에 필터 설치 후 초미세먼지 샘플링 시작(대기 중 초미세먼지의 경우 보통 24시간 샘플링 수행)

⑥ 유량 확인(Q)

⑦ 샘플링 종료

⑧ 일정 온도와 상대습도에 24시간 열역학적 평형상태로 저장

⑨ 정밀저울을 사용하여 초미세먼지 샘플링 후 필터 무게 측정(mass 2)

⑩ 필터 포집 전후 무게 차이, 유량, 샘플링 시간을 이용하여 질량농도 계산

(질량농도 = (mass 2-mass 1)/(유량×샘플링 시간)).

2) 진동저울 측정법(실시간 측정방법)

진동저울측정법(Tapered Element Oscillating Microbalance, TEOM)은 초미세먼지가 진동판에 연속적으로 포집되면 포집된 초미세먼지의 무게에 따라 진동주파수가 변화하게 되고 주파수의 변화를 LED와 photo-transistor를 이용하여 초미세먼지의 질량농도를 산출하는 방법이다〈그림 23〉. 이때 초세먼지 포집 전후 주파수, 고유진동 상수를 이용하여 초미세먼지 질량농도를 산출하게 된다. 필터 포집법과 마찬가지로 일정 크기 이하의 질량농도를 측정하기 위하여 포집부 전에 도입구(임팩터 또는 사이클론)를 설치하여(미세먼지 (<10 μm) 또는 초미세먼지(<2.5 μm)만을 포집하여 질량농도를 실시간으로 측정할 수 있다. 기존의 비실시간 필터 측정법과 비교하여 거의 실시간으로 초미세먼지의 질량농도를 측정할 수 있어 초미세먼지 또는 미세먼지 질량농도 모니터링에 많이 활용되고 있다.

3) 베타선 흡수법(실시간 측정방법)

베타선 흡수법(Beta attenuation)은 여과지에 초미세먼지의 양이 많아질수

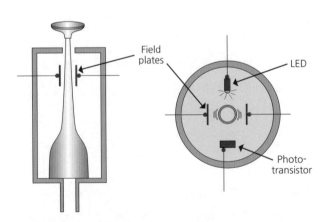

그림 23. **초미세먼지의 질량농도를 실시간 측정하는 진동저울 측정법(TEOM)**(출처: Aerosol Measurement 2nd edition; TEOM 1400a, USA)

록 베타입자의 수가 감소하는 원리를 이용하여 미세먼지의 질량농도를 산출하는 방법으로 베타입자 소스, 여과지, 유량제어기, 펌프, 베타입자 검출기가 사용된다. 초미세먼지는 〈그림 24〉의 1을 통해 도입하게 되고 9번 여과지 위에 포집되게 된다. 9번 여과지는 자동으로 이동하여 새로운 여과지 표면을 제공해준다. 베타선 소스는 5번에서 방출되고 2와 8의 베타선 검출기에서 베타선을 측정하게 된다. 앞에서 언급한 측정법과 마찬가지로 일정 크기 이하의 질량농도를 측정하기 위하여 포집부 전에 도입구를 설치하여 미세먼지(<10 μm) 또는 초미세먼지(<2.5 μm)만을 포집하여 질량농도를 실시간으로 측정할 수 있다.

4) 광산란 측정법(실시간 측정방법)

광산란 측정법(light scattering)은 크게 광원인 레이저 다이오드(laser diode), 광학검출기(photodetector), 광학 렌즈(optical lens), 펌프 등을 이용하는 방법이다. 레이저 다이오드를 통해 레이저가 발사되고(laser sheet) 레이저 집중지점에 있는 공기 중에 부유한 입자의 농도에 비례한 산란 빛을 광학

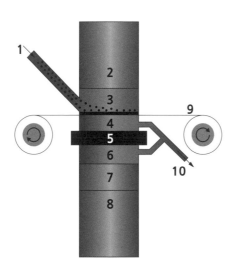

그림 24. **초미세먼지의 질량농도를 실시간 측정하는 베타선 측정기(Beta gaμge)**(출처: Aerosol Measurement 2nd edition, USA)

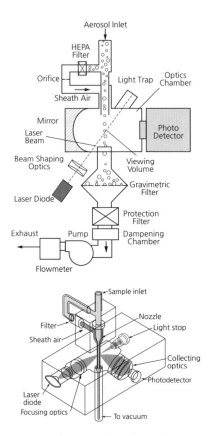

그림 25. **초미세먼지 질량농도를 실시간 측정하는 광산란법**(출처: Dust trak, TSI Inc, USA)

검출기에서 측정하는 방식인데, 도입구에 임팩터 또는 사이클론을 설치하여 미세먼지(<10 μm) 또는 초미세먼지(<2.5 μm)만을 유입하여 질량농도를 실시간으로 측정할 수 있다. 산란된 빛의 크기는 전압으로 환산하여 입자의 질량농도를 결정하게 된다. 이를 위해서는 산란된 빛의 강도에 따른 농도와 상관식(calibration line) 또는 관계식이 미리 결정되어야 한다. 상관식을 결정하기 위해서는 보통 Arizona dust, PSL, NaCl과 같은 화학적 성분 또는 크기가 이미 알려진 표준입자(standard particles)를 사용하여 결정하게 된다. 그림에 나와 있는 미국 TSI제품의 경우 필터 포집기를 아래에 바로 설치하여 관계식을 결정할 수 있는 시스템도 구축되어 있다. 관계식에 영향을 주는 요소

는 입자의 크기분포, 밀도, 모양, 굴절률 등이 영향을 준다고 알려져 있다. 이러한 관계식에는 선형범위가 있고 전혀 다른 종류의 초미세먼지를 측정할 경우 새롭게 보정선을 확보해야 한다. 고농도에서는 다중 산란으로 값의 정확성이 떨어지고 저농도에서는 배경 산란 빛(stray light)으로 인해 정확성이 떨어진다고 알려져 있다. 실험 방법은 실시간 연속적인 측정방법이기 때문에 관심 지역 현장에서 바로 측정이 가능하다. 측정 과정 중에 필터공기(초미세먼지가 없는 공기)를 사용하여 제로농도를 확인하고 유량의 정확성을 확인하면서 작동을 해야 한다.

수농도 측정기술

1) 광산란법을 이용한 CPC 측정법(실시간 측정방법)

입자의 수농도(number concentration) 또는 개수 농도를 실시간으로 측정하기 위해서 광산란법을 이용한 CPC(laminar flow condensation particle counter)가 주로 사용된다. 작은 입자의 경우 광산란되는 양이 작아 입자를 키우는 응축(condensation) 시스템과 입자를 검출할 수 있는 광학시스템으로 구성되어 있다. 〈그림 26〉에서처럼 에어로졸 flow가 알코올과 같은 증기와 만나 포화기(saturator)(보통 35℃)에서 포화상태가 이루어지고 포화된 에어로졸 flow는 응축기(보통 10℃)에서 냉각되어 에어로졸 입자는 크게 성장하게 된다(condensational growth). 이렇게 성장된 입자는 광학시스템에서 쉽게 검출된다. 이때 주어진 시간에 따라 산출된 입자의 총 개수와 흐르는 양(유량)을 활용하여 입자의 수농도를 실시간으로 결정하게 된다(수농도 = 총개수/(유량×샘플링 시간)).

보통 판매되는 CPC(TSI, USA) 경우 10 nm 이상 입자의 수농도를 측정할 수 있고 Ultrafine CPC(TSI, USA)의 경우 2~3 nm 입자의 수농도 측정까지 가능하다. 최근에는 알코올이 아닌 DEG(diethylene glycol) 오일 증기를 활용하여 1 nm 입자까지 수농도 측정이 가능한 DEG-CPC가 개발되었다. DEG를 사용하여 입자를 성장시킨 다음 기존의 CPC에서 다시 한번 성장되어 수농도

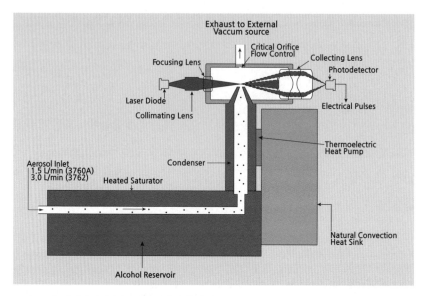

그림 26. 초미세먼지의 수농도를 실시간 측정하는 CPC 개략도(출처: CPC, TSI Inc, USA)

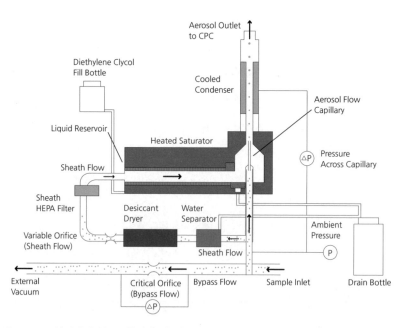

그림 27. 1 nm 입자까지 수농도 측정이 가능한 DEG-CPC 개략도(출처: DEG-CPC, TSI Inc, USA)

를 측정하게 된다. 즉, 두 번의 입자 성장 시스템을 통과하게 되어 1 nm 입자까지 측정 가능하게 되는 것이다. CPC는 보통 입자를 크기별로 분리할 수 있는 분리기(classifier)(예, differential mobility analyzer, DMA)와 연결되어 수농도별 크기분포(number size distribution)를 실시간으로 측정하는 용도로 많이 사용된다. 크기를 분리할 수 있는 DMA 측정장치는 다음 절에서 다룰 예정이다.

크기분포 측정기술

입자의 크기를 측정하기 위해서 다양한 입자의 물리/광학적 특성 또는 외부 힘에 의한 반응(particle behavior) 등이 활용된다. 입자의 광학적 특성, 전기적 특성, 확산 특성 등을 이용한 초미세먼지 입자 크기 실시간 측정법들이 현재 활용되고 있다. 입자의 크기는 사용되는 입자의 특성에 따라 동등한 크기(equivalent size)로 지칭되며 측정법에 따라 산출되는 입자 크기는 다르게 명명된다. 즉, 입자의 크기는 측정법에 따라 electrical mobility equivalent size(전기이동도 동등크기), optical equivalent size(광학특성 동등크기), aerodynamic equivalent size(공기역학적 동등크기), surface area or projected area equivalent size(표면적 또는 투영면적 동등크기) 등으로 나누어진다.

대기 중 입자의 크기는 1 nm에서부터 100 μm까지 다양한 크기의 입자가 존재하여 한 가지 측정법으로 모든 범위를 측정할 수 없다. 그래서 다양한 측정법을 결합하여 입자의 크기를 측정하고 있다〈그림 28 참조〉. 입자의 크기에 따라 외부 힘에 의한 반응(particle behavior) 또한 물리/광학적 반응 강도가 달라지기 때문이다. 작은 입자(<1 μm)의 경우 전기적 이동력을 이용한 scanning mobility particle sizer(SMPS)(뒤에 자세히 기술됨) 장치를 활용하고 큰 입자의(>1 μm) 경우 광학적 특성 또는 공기역학적 특성을 활용한 장치들이 사용된다.

1) 전기이동도 동등크기 측정법(실시간 측정방법)

전기이동도(electrical mobility)(Zp)를 이용하여 입자를 크기별로 분리하는 장치가 차등 이동도 분석기(differential mobility analyzer)(DMA)이다. 입자를 먼저 전하(charge)를 띠게 하고 DMA 장치 안에서 전기장을 걸어 주어 입자를 크기별로 분리하게 된다. 이때 전하를 띤 입자의 전기장 내 속도(전기이동도)는 다음 식에 나와 있는 것처럼 입자의 동등크기(electrical mobility equivalent size)(dme)에 반비례하게 된다. 전기이동도 동등크기(electrical mobility equivalent size)는 해당 입자와 같은 전기이동도를 가지는 가상의 구형 입자의 크기로 정의된다. DMA 내 에어로졸 유량비(sheath air flow rate/aerosol flow rate)는 입자 크기 분리의 분해능을 결정하게 된다. DMA 내 전기장은 원형 내부 전극에 전압(V)을 걸어주고 원형 외부는 접지한다. 입자가 전하를 가지고 있어야 전기이동도가 생기므로 DMA에 유입되기 전 입자는 다양한 전하장치(charger)를 통해 전하를 띠게 만들어야 한다. DMA의 길이(L), 원형 내부 반경(R1, R2)의 기하학적 변수는 고정된 값을 가지며 전기이동도(Zp) 계산에 영향을 준다. 전기이동도 계산식에서 작은 입자의 경우 슬립보정계수(slip correction factor(C))를 고려해주어야 한다. 1 μm보다 큰 입자

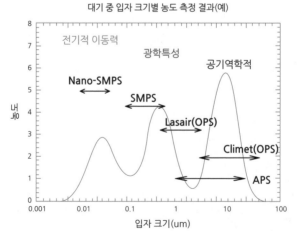

대기 중 입자 크기별 농도 측정 결과(예)

그림 28. 대기 중 입자의 크기분포를 측정하기 위한 다양한 측정법의 결합

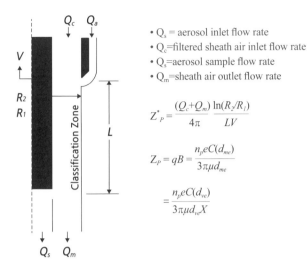

• Q_s = aerosol inlet flow rate
• Q_c=filtered sheath air inlet flow rate
• Q_s=aerosol sample flow rate
• Q_m=sheath air outlet flow rate

$$Z_P^* = \frac{(Q_c+Q_m)}{4\pi}\frac{\ln(R_2/R_1)}{LV}$$

$$Z_P = qB = \frac{n_peC(d_{me})}{3\pi\mu d_{me}}$$

$$= \frac{n_peC(d_{ve})}{3\pi\mu d_{ve}X}$$

그림 29. 차등이동도 분석기(differential mobility analyzer, DMA) 및 전기이동도(Z_p) 계산식

는 대부분 1의 값을 가지지만 1 μm보다 작은 입자의 경우 공기와 입자 사이에 미끄럼(slip)이 생겨 이를 보정해주어야 한다(C>1 for Dp <1 μm). 슬립보정 계수는 이전 연구결과식 또는 표를 이용하여 입자 크기에 따라 계산된다. 전 기이동도 동등크기를 부피동등크기(volume equivalent size)로 입자의 동적

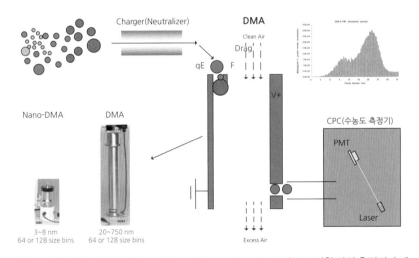

그림 30. 차등이동도 분석기(differential mobility analyzer, DMA)와 CPC 결합 장치 측정결과 예　**047**

형태계수(dynamic shape factor)를 이용하여 환산할 수 있다. 직사격형 등 특정 모양의 동적형태계수는 문헌에서 쉽게 찾을 수 있다.

앞서 언급한 DMA는 입자의 수농도(number concentration)를 측정할 수 있는 CPC와 함께 사용된다(CPC는 앞에서 자세히 설명되어 있음). 즉, 크기별로 분리된 입자의 수농도를 CPC에서 측정함으로써 크기별 수농도 분포를 실시간으로 얻을 수 있게 된다. 이때 DMA에 인가되는 전압을 바꿔줌으로써 특정 크기의 입자를 선별하여 CPC로 연속적으로 보낼 수 있게 된다(즉, 입자 크기별 수농도 값을 측정하게 된다). DMA에 인가되는 전압변화 방법에 따라 지수함수를 따라 증가하는 SMPS(scanning mobility particle sizer)와 전압변화를 단계적으로 증가하는 DMPS(differential mobility particle sizer)로 불리고 있다.

2) 광학 동등크기 측정법(실시간 측정방법)

광학 동등크기(optical equivalent size)는 해당 입자와 같은 광산란 강도를 가지는 가상의 구형입자 크기로 정의된다. 입자와 빛의 상호작용에 기반하여 입자의 광학적 크기를 측정하는데 입자에 조사되는 빛의 광산란 강도를 이용한다. 이론적으로 입자의 광산란 강도 계산도 크기에 따라 가능하다(Rayleigh scattering, Mie scattering, Geometric scattering). 입자의 빛의 상호작용은 광산란(scattering)과 광 흡수(absorption)가 대표적이다. 광산란은 추가적으로 〈그림 31〉처럼 반사(reflection), 회절(diffraction)과 굴절(refraction)로 구분된다. 광산란되는 빛의 강도는 입사되는 빛의 파장(wavelength) 대비 입자의 크기에 따라 달라지고 산란되는 각도에 따라 변화하게 된다. 이러한 입사되는 빛의 파장(wavelength) 대비 입자의 크기에 따른 광산란 신호의 변화를 이용하여 광학 크기를 측정하는 장치가 광학개수기(optical particle counter)(OPC)이다. 산란된 신호는 인가되는 빛의 강도, 스펙트럼, 편광도와 검출기의 산란신호 검출 각도 및 감도(sensitivity) 등에 의해 결정된다. 현재까지 다양한 OPC가 개발되어 왔고 실시간 입자 크기 결정에 활용되어 왔다〈그림 31 참

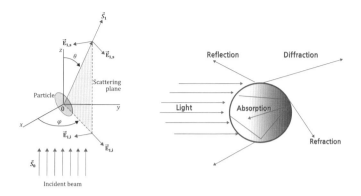

그림 31. **입자와 빛의 상호작용**(출처: Valery V. Tuchin, 2016)**(좌)과 광산란의 종류**(출처: RAYTEC Inc.)**(우)**

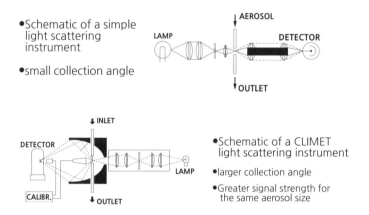

그림 32. **다양한 OPC 측정장치**(출처: Aerosol and particle measurement class materials, University of Minnesota, USA)

조〉. OPC는 투사되는 빛의 산란신호를 최적의 각도에서 검출하게 된다. 검출기의 산란신호 검출 각도에 따른 전방산란과 90° 산란 OPC가 사용되었고, 산란신호를 측정하는 각도를 확대한 더 큰 수집각(arger collection angle) OPC가 최근에는 주로 많이 사용된다. 즉, 최대의 광산란 신호를 검출하기 위해 최대의 검출각도 범위를 활용한다.

OPC에서 투사되는 빛이 입자에 정확히 맞출 수 있도록 입자 제어시스템이 포함되어 있는 경우가 많다. 즉, 입자의 궤적과 투사되는 빛이 정확히 교차되도록 해야 한다. 빛이 입자를 맞추지 못하거나 부분적으로 맞춘다면 입자 크기 측정결과는 바이어스(bias)가 발생하게 된다. 이 때문에 최근 에어로졸 공기역학적 제어장치가 입구에 설치된 경우가 OP에는 많다. OPC에서 투사되는 빛을 정확히 맞은 입자는 산란빛을 만들어내고 이때 산란되는 빛은 검출기에서 펄스 전압으로 변환되고 각 펄스 전압의 크기는 입자의 크기에 비례하게 된다. 또한 주어진 시간 안에서 펄스의 개수는 입자의 수농도로 환산되게 된다. 즉, 펄스 신호를 활용하여 입자의 크기와 수농도를 결정하게 되는 것이다. 〈그림 33〉에서는 입자 제어시스템-산란신호 검출부-산란신호 펄스이벤트 카운터-펄스 전압 변환 원리가 표기되어 있다. 이때 입자의 크기를 추정하기 위해서는 펄스의 강도와 입자 크기와의 상관식이 미리 정해져 있어야 한다. 이러한 상관식을 확보하기 위해서는 다양한 크기가 정해진 표준입자를 보정실험을 통해 결정한다. 따라서 OPC에서 측정되는 입자의 크기는 보정실험에서 사용된 표준입자와 비교하여 동등한 광학적 산란신호를 주는 구형 입자의 크기로 정의된다고 할 수 있다(즉, optical equivalent size). 다양한 크기가 정해진 표준입자를 이용한 보정실험 결과를 〈그림 34〉에 표시하였다. 그림에서 확인되는 것처럼 같은 크기(전기이동도 등)일지라도 입자의 광학적 특성에 따라 OPC의 광산란 신호가 크게 달라짐을 확인할 수 있다. 같은 크기의 입자

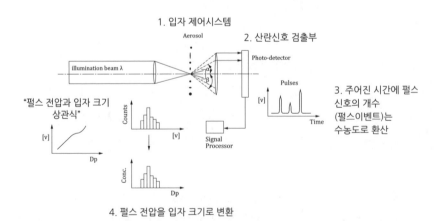

그림 33. **OPC의 광학적 입자 크기 측정법**(출처: Aerosol and particle measurement class materials, University of Minnesota, USA)

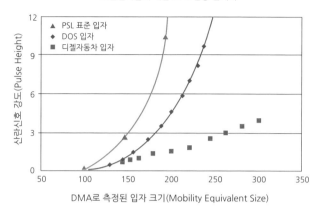

그림 34. **PSL(polystyrene latex)(표준입자), DOS(dioctylsebacate)(오일입자), 디젤 엔진배출입자에 대한 OPC의 펄스 신호 전압과 입자 크기(mobility equivalent size)의 상관관계 실험 결과** (출처: Wang, X., 2002, MS thesis, Univeristy of Minnesota, USA)

를 비교하였을 때 PSL 입자의 광산란 강도가 디젤 엔진에서 배출된 입자의 광산란 강도보다 훨씬 크다는 것을 확인할 수 있다. 디젤 엔진배출입자는 빛 흡수강도가 상당히 높은 입자로 알려져 있다. 디젤 엔진배출입자는 검은색을 띠며 투명, 회색, 흰색 등의 입자보다 검은색 입자가 빛의 흡수력이 크다. 그리고 OPC는 빛의 산란신호를 이용하므로 입자 크기가 작은(<200 nm) 경우 산란 신호가 약해 측정이 어려우며 입자 크기가 상대적으로 큰 입자의 크기 측정에 적합하다. 따라서 작은 입자의 경우에는 전기이동도가 크므로 앞에서 설명한 DMA와 CPC 장치를 결합하여 측정해야 한다.

3) 공기역학적 크기 측정법(실시간 측정방법)

공기역학적 크기(aerodynamic equivalent size)는 해당 입자와 같은 침전속도(settling speed)와 밀도(density)는 1 g/cm^{3}을 가지는 가상의 구형입자의 크기로 정의된다. 공기역학적 크기를 측정하는 대표적인 방법은 입자의 비행시간(time of flight)을 측정하는 방법이다. Aerosol particle sizer(APS)(TSI, USA) 측정장치가 대표적으로 비행시간을 측정하여 공기역학적 크기를 산출한다. APS 장치에서는 도입부에서 노즐을 통해 에어로졸 공기는 가속되고(보통 100 m/s 이상의 속도) 두 개의 레이저 빔 사이를 지나가게 된다〈그림 35 참조〉. 이때 보통 0.3 μm보다 작은 입자들은 공기의 속도로 움직이지만 0.3 μm보다 큰 입자들은 가속이 덜 되어 지체된다(공기속도에 도달하지 못함). 이때 지체되는 시간은 입자의 크기 및 무게에 비례하게 되고 지체되는 시간을 이용하여 입자의 공기역학적 크기를 결정한다. 따라서 지체되지 않은 작은 입자들의 크기는 측정하지 못하는 단점이 있고 한 입자가 두 레이저 빔 사이의 비행을 끝내기 전에 다른 입자가 도입되면 일치오차(coincidence error)가 발생하여 저농도 조건에서만 측정이 가능하고 고농도일 경우 희석(dilution)을 통해 입자의 농도를 낮춘 뒤 측정을 해야 한다. 따라서 OPC와 마찬가지로 APS 장치는 입자 크기가 상대적으로 큰 입자의 크기 측정에 적합하다.

화학성분 측정기술

1) 필터 포집을 통한 에어로졸 화학성분 측정법(비실시간 측정방법)

필터 포집을 통한 화학성분(chemical composition) 측정은 일정 시간

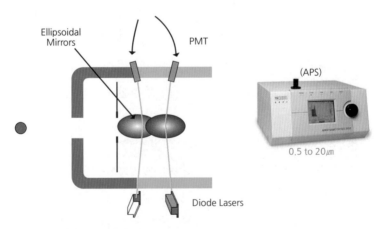

- 작은 입자 = 공기의 속도
- 큰 입자 = drag으로 인한 지체(크기에 따른 지체)

그림 35. 입자의 비행시간을 측정하는 Aerosol particle sizer(출처: APS, TSI Inc, USA)

(24시간) 입자를 필터에 포집한 후 추출과정을 거쳐 다양한 분석기기(LC, IC, ICP-MS, AAS, OC-EC analyzer 등)를 이용하여 이온성분, 탄소성분, 원소(중금속 포함)성분 등을 분석하게 된다. 즉, 비실시간 측정으로 샘플링 시간 동안의 평균적인 초미세먼지의 화학적 조성을 얻을 수 있다(보통 24시간 평균값). 과거 축적된 측정자료와 비교, 간단한 현장 샘플링으로 인해 초미세먼지 화학성분 분석에 많이 활용되어 왔다. 〈그림 36〉에서 보듯이 입자의 이온성분은 IC, LC-MS 분석기기, 원소성분 및 중금속은 X-ray fluorescence spectroscopy(XRF), Inductively Coupled Plasma Mass Spectrometer(ICP-MS), Atomic absorption spectrometer(AAS) 등을 사용하고 탄소성분은 Aethalometer, organic carbon(OC)-elemental carbon(EC) 분석기, GC-MS를 주로 사용한다. 각 분석 성분마다 분석기기가 다르므로 포집된 입자의 추출 방법도 달라진다. 이번 장에서는 초미세먼지의 이온성분, 원소성분, 탄소성분을 측정하는 방법에 대해서 기술하고자 한다.

〈그림 36〉은 포집된 입자의 이온성분 측정 절차를 나타낸 것이다. 먼저 입자 샘플링을 위한 필터를 준비해야 하는데 분석하고자 하는 화학성분에 따라 사용하는 필터 종류도 달라진다. 현재는 Teflon 또는 zefluor filter가 이온분

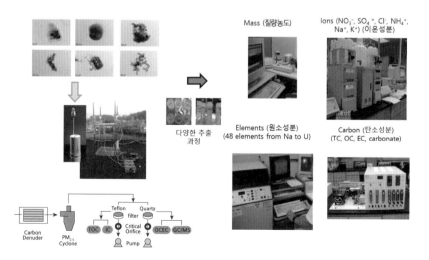

그림 36. 입자의 화학성분 분석을 위한 입자 포집 및 분석기기

1. 필터 준비   2. 일정 온도와 상대 습도에 24시간 저장   3. 전자저울을 이용하여 필터 무게 측정   4. 입자 샘플링 수행   5. centrifuge tube에 필터를 넣고 DI water 추가

6. 1시간 sonication 함   7. 추가로 1시간 shaking   8. PTFE syringe filter(pore size : 0.45 μm)입자상 불순물 제거   9. IC 이용 이온성분 분석 진행

그림 37. 이온성분 분석을 위한 샘플링, 추출 및 분석과정

석용으로 많이 사용되고 있다. 준비된 필터를 일정 온도와 상대습도에 24시간 이상 보관하여 평형상태(equilibrium)가 이루어지게 한다. 입자 포집 후에도 같은 과정으로 진행한다. 평형을 이룬 필터는 전자저울을 이용하여 무게를 측정한다. 이후 입자 샘플링을 한다. 입자 샘플링이 끝나면 일정 온도와 상대습도에 24시간 이상 보관하여 다시 평형상태를 만들고 샘플링 후 무게를 측정한다. 전체 무게 측정 후 이온분석을 위한 추출과정을 진행한다. 먼저 필터의 일정 부분을 잘라 원심분리관에 넣는다. DI water 10~20 ml 정도를 관에 추가하고 1시간 동안 초음파처리(sonication)를 한다. 이때 필터는 거의 바닥에 가라앉게 된다. 다음엔 150~200 rpm으로 흔들어준다. 이렇게 준비된 용액을 PTFE syringe 필터(0.45 μm)에 통과시킨 후 입자상의 불순물을 제거하고 IC로 이온성분을 분석한다. 용액은 항상 냉동고에 냉장 보관한다. 샘플 분석 전에 다양한 이온성분 표준 시료를 사용하여 검량선(calibration line)을 확보한다. 대기 중 초미세먼지의 이온성분 분석 대상은 황산염, 질산염, 염화물, 암모늄, 나트륨, 칼륨, 칼슘, 마그네슘 등이다.

포집된 입자의 탄소성분 분석을 위해서는 보통 석영(quartz) 필터를 준비한

다. 석영 필터는 고온에서도 견딜 수 있는 필터 종류로 가열이 필요할 때 많이 사용되는 필터이다(열적방법). 입자 샘플링 전에 필터를 알루미늄 포일에 올려놓고 오븐에서 450℃에서 최소 4시간 동안 굽는다. 분석에 영향을 줄 수 있는 필터 자체에 있는 탄소성분을 증발시키기 위한 작업이다. 이렇게 준비된 필터에 입자 샘플링을 하고 냉동고에 냉장 보관한다. 입자 샘플링 이후 탄소분석기를 사용하게 된다. 가장 많이 사용되는 것은 sunset OC-EC 분석기이다. 필터 punch기를 통해 일정 부분을 잘라내고 OC-EC 분석기의 인서트에 주입하게 된다. 이때 탄소성분 분석 프로토콜은 IMPROVE TOR(thermal optical reflectance) 방식과 NIOSH TOT(thermal optical transmittance) 방식이 있다. sunset OC-EC 분석기는 NIOSH TOT 방법을 적용하여 OC(organic carbon)와 EC(elemental carbon) 농도를 결정하게 된다. 〈그림 38〉에 포함된 것처럼 유기탄소(OC)가 먼저 휘발하게 되고 이 카본성분의 기체들은 촉매변환시스템(MnO_2 산화 오븐)을 통해 이산화탄소 또는 메탄가스로 변환하여 그 양을 측정하고 유기탄소의 질량농도를 산출하게 된다. 연속적으로 산소와 헬륨이 섞여 있는 산화조건하에서 계속 온도를 증가하면서 발생된 탄소성 기체의 양은 원소탄소(EC)의 질량농도를 산출하는 데 사용된다(마찬가지로 이산화탄소 또는 메탄가스로 변환하여 그 양을 측정하고 원소탄소(EC)의 질량농도를 산출). 유기탄소 중 고온에서 Charring이 발생하여 원소탄소로 포함되는 것을 방지하기 위해서 레이저를 이용하여 Charring되는 양을 보정하고 정확한 원소탄소의 양을 산출한다. 이러한 방법으로 필터에 포집된 초미세먼지에 포함된 EC, OC 또는 total caron(TC)(TC = EC + OC)의 질량농도를 측정할 수 있다.

2) 이온질량분석과 분광분석을 이용한 에어로졸 화학성분 측정법(실시간 측정방법)

실시간으로 입자의 화학적 성분을 측정하는 기술은 최근에 많이 개발되었고 현재도 많은 연구가 진행되고 있다. 기존의 비실시간 필터 포집 후 화학성분 측정법과 비교하여 높은 시간 분해능을 가지고 현장에서 신속한 발생원 추적 등이 가능하다. 또한 하나의 측정법으로 여러 화학성분을 동시에 측정할 수 있고 단일입자 화학성분 실시간 측정법의 경우 단일 입자의 혼합 상태 정보도 확보할 수 있다. 추출과정이 전혀 필요하지 않으므로 추출과정 중

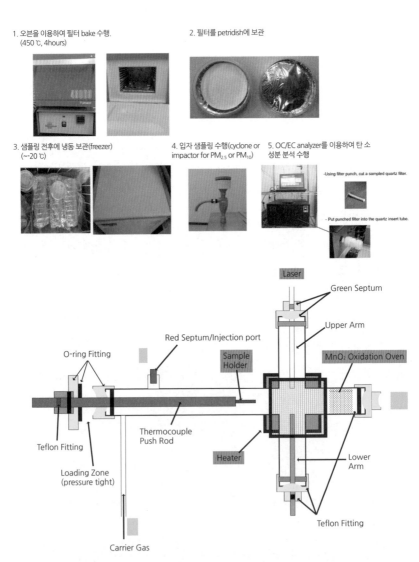

그림 38. **포집입자의 탄소성분 분석을 위한 샘플링, 추출 및 분석과정과 OC-EC 분석기**(출처: DRI, USA)

에 생길 수 있는 여러 인공산물(artifacts)을 최소화할 수 있다. 필터 포집과정 중에 생길 수 있는 양성(positive) 인공산물인 가스상 성분의 응축과 음성(negative) 인공산물인 포집된 휘발성 입자의 증발 등도 줄일 수 있는 장점이 있다. 하지만 측정 가능한 입자 크기의 범위가 아직은 제한적이기 때문에 정량화를 위한 연구가 아직 더 많이 필요하다. 〈그림 39〉는 기존의 비실시간 화학성분 측정법과 실시간 화학성분 측정법을 비교한 예이다.

입자의 화학적 성분을 실시간으로 측정하는 기술은 크게 이온질량분석기(mass spectrometer)와 분광계(spectrometer)를 이용하는 방법으로 나누어진다. 입자를 측정기에 도입 후 이온화(ionization)함으로써 이온들이 만들어지고 이온들의 질량대 전하량비(mass to charge ratio)를 측정하여 입자의 화학적 성분을 측정하는 방법이 이온질량분석법이다. 분광법은 입자를 이온화 및 플라즈마화하여 여기 상태(excited state)를 만든 후 기저상태(ground state)로 떨어질 때 나오는 빛의 파장(light emission)을 측정하여 입자의 화학적 원소성분을 측정하는 방법이다. 이온질량분석법의 경우 입자를 구성하

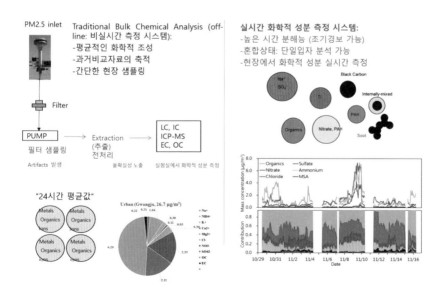

그림 39. 비실시간 및 실시간 화학성분 측정법 비교

고 있는 이온들을 측정해야 되기 때문에 고진공시스템이 필요하고 분광법의 경우 대기압 조건에서 빛의 파장을 측정할 수 있다. 두 방법 모두 입자가 정확히 이온화 지점 또는 플라즈마 발생 지점까지 도달할 수 있도록 입자 도입 및 제어시스템을 포함하고 있다. 또한 입자의 크기를 측정할 수 있는 모듈을 포함하여 크기별 화학적 성분을 측정하기도 한다. 〈그림 40〉은 이온질량분석기와 분광계를 이용하는 방법과 해당 방법이 적용된 다양한 측정시스템을 보여준다.

현재 입자의 화학적 성분을 측정하기 위해 이온질량분석기를 이용하는 방법이 널리 사용되고 있고 지속적인 연구개발이 이루어지고 있다. 이온질량분석기를 사용하는 방법은 이온화 방법 등에 따라 추가적으로 세분화된다. 가장 보편적으로 사용되는 이온화 방법은 크게 전자충돌이온화방법(electron impact ionization)과 레이저이온화법(laser ionization)이다. 전자충돌이온화방법(대표적으로 Aerodyne 회사의 Aerosol Mass Spectrometer, AMS)의 경우 증발기를 이온화 전 단계에 설치하여 입자를 증발시킨 후 전자충돌로 이온화하는 방법이다. 정량화 성능은 좋으나 elemental carbon(EC)이나 중금속 같은 증발 및 분해가 어려운(refractory) 물질의 실시간 분석이 어려운 단점

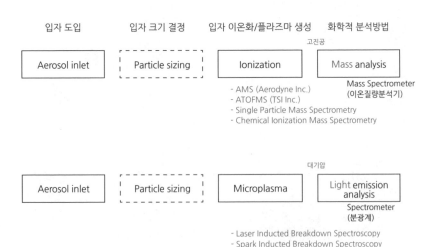

그림 40. **이온질량분석법 및 분광분석법을 이용한 측정시스템**

이 있다. 최근에는 고분해능 질량분석기(HR-MS)를 사용하여 유기성분 정밀 분석에 활용되기도 한다. 전자충돌이온화방법은 단일입자 분석보다는 대용량 분석(bulk analysis)에 더 가깝다고 할 수 있다.

레이저이온화방법의 경우 이온화 도구로 강력한 에너지의 레이저를 사용하게 된다. 따라서 거의 모든 물질의 이온화가 가능하고 EC, 중금속 같은 증발 및 분해가 어려운 물질의 실시간 분석이 가능하다. 그러나 전자충돌이온화방법과 비교하여 상대적으로 에너지가 커 분자정보를 많이 잃게 되고(과도한 fragmentation 발생), 유기 입자의 정량화 및 분자 정보 확보가 어려운 점이 있다. 레이저이온화방법은 거의 단일 입자 측정이기 때문에 입자의 혼합상태(mixing state) 및 입자 간 특성 차이(particle-particle variation) 정보도 신속히 확보할 수 있다는 장점이 있다.

최근 국내에서도 광주과학기술원, 부산대학교, 한국원자력 연구원에서 입

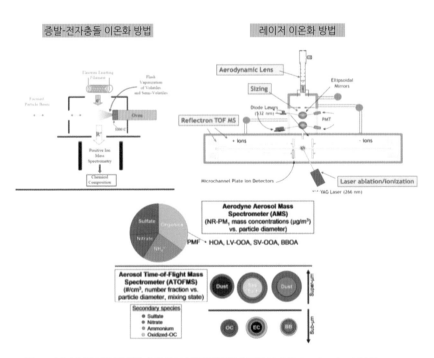

그림 41. **전자충돌이온화방법과 레이저이온화방법 비교**(출처: AMS, Aerodyne Inc, USA(Canagaratna et al., 2007), ATOFMS, TSI Inc, USA(R . Yadav et al., 2004), KA Pratt and KA Prather(2012))

자의 실시간 화학적 성분 분석을 위해서 레이저이온화 질량분석시스템 개발
이 진행되고 있다. 대표적인 레이저이온화 질량분석시스템인 광주과학기술원
(GIST)의 single particle mass spectromete의 작동원리를 〈그림 42〉에 도식
화하였다. 국내에서 개발된 장비를 활용한 다양한 발생원(source)에서 발생하
는 초미세먼지의 질량분석스펙트럼(mass spectra)도 표시하였다. 보통 측정
된 질량분석스펙트럼을 이용하여 입자의 화학적 성분에 대한 정성 및 정량 분
석이 이루어지게 된다. 현재 입자의 레이저 검출 효율을 높이기 위해 입자의
산란신호를 이용한 이온화 레이저 발사 최적화 연구가 진행 중이다.

분광분석방법을 이용한 입자의 화학적 원소성분을 실시간으로 측정하
는 시스템 중의 하나가 레이저유도플라즈마 분광분석방법(laser induced
breakdown spectroscopy)이다. 〈그림 43〉에서 보듯이 입자제어 기술, 입
자–레이저 검출기술, 분광분석기술이 융합하여 단일입자의 화학적 원소성분
을 실시간으로 검출하는 방법이다. 레이저이온화방법과 마찬가지로 입자의
레이저 검출 효율을 높이기 위해 입자의 산란신호를 이용한 이온화 레이저 발

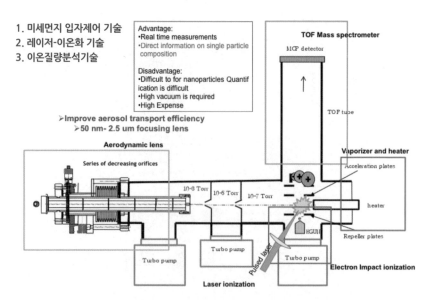

그림 42. **레이저이온화 질량분석법의 작동원리**(출처: 광주과학기술원(GIST))

사의 최적화가 이루어졌다. 다양한 발생원에서 발생하는 초미세먼지의 분광분석스펙트럼(LIBS spectra)도 표시하였다. 측정된 분광분석스펙트럼을 이용하여 입자의 화학적 원소에 대한 정성 및 정량 분석이 이루어지게 된다. 레이저유도플라즈마 분광분석방법도 단일 입자 측정이기 때문에 입자의 혼합상태(mixing state) 및 입자 간 특성 차이(particle-particle variation) 정보도 신

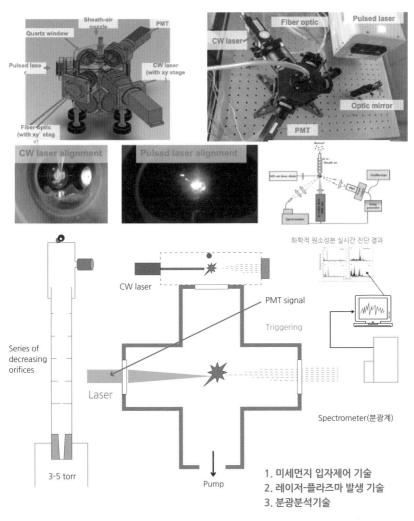

그림 43. **단일입자의 화학적 원소분석을 위한 레이저유도플라즈마 분광분석법**(출처: 광주과학기술원(GIST))

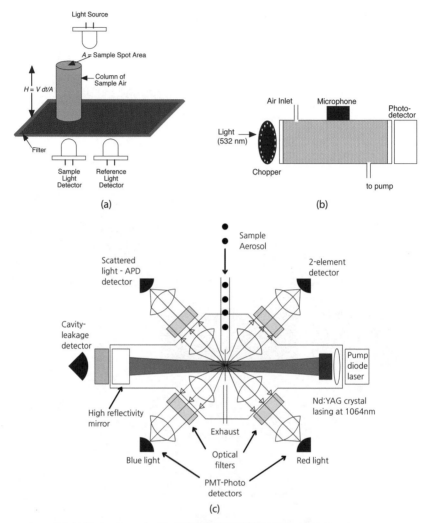

그림 44. 광흡수량(light absorption)을 이용한 블랙카본입자 분석기(Aethalometer)(출처: Fialho et al., 2005)**(a)**, 광학적 방법 음파를 이용한 광음파 카본 분석기(Photoacoustic spectrometer)(출처: Arnott et al., 2003)**(b)**, 단일입자 블랙카본농도 측정기(single particle soot photometer)(출처: Schwarz et al., 2006)**(c)**

속히 확보할 수 있다는 장점이 있다.

초미세먼지에 포함된 블랙카본(black carbon)의 질량농도를 실시간으로 측정하는 기술도 널리 사용되고 있다. 블랙카본입자의 농도를 실시간으로 측정하기 위해서는 광학적 방법이 적용된다〈그림 44 참조〉. 특정 파장의 레이저 빛을 필터에 포집된 샘플에 조사하고 카본물질에 의한 빛의 흡수로 인해 빛의 강도가 줄어드는 양을 측정하여 광흡수량(light absorption)을 산출하고 광흡수량에 비례하여 블랙카본입자의 질량농도를 산출한다. 기준이 되는 빛(reference light)의 강도(light intensity) (입자가 없는 부분을 통과한 빛의 강도)와 입자가 포집된 부분을 통과한 빛의 강도를 비교하여 통과한 빛의 강도를 비교하여 광흡수량을 산출한다. 이때 광흡수량은 블랙카본의 질량농도로 변환된다. 이때 실험적 또는 이론적 광흡수효율값을 사용하게 된다(mass absorption efficiency). 대표적인 장치가 블랙카본입자 분석기(aethalometer)이다. 또한 다양한 파장의 레이저를 사용하여 파장별 광흡수량을 측정하여 블랙카본입자의 발생원에 따른 특성 또한 파악할 수 있다. 짧은 파장(UV 파장)에는 바이오 물질의 연소(biomass burning)에 의해 발생되는 블랙카본입자나 PAH 물질의 광흡수량이 상대적으로 크다고 알려져 있는데 이러한 카본물질을 파악하는 데 유용하다고 할 수 있겠다. 또 다른 블랙카본입자 분석기인 Particle Soot Absorption Photometer(PSAP)는 Aethalometer와 비슷하고 3개의 LED(470, 522, 660 nm)를 광원으로 사용하여 광투과율을 측정하여 블랙카본의 질량농도로 환산한다. 필터형식의 광투과 블랙카본 측정장치의 경우 다양하게 산란되는 빛에 의해 빛 투과량이 감소되는 오차를 보정하기 위하여 여러 반사각도에서 빛을 동시에 측정하여 블랙카본농도를 좀 더 정확히 측정할 수 있는 Multi Angle Absorption Photometer(MAAP) 장치도 사용되고 있다.

최근에는 음파를 이용한 실시간 광음파카본 분석기도 개발되었다(photoacoustic 카본 분석기). 광음파카본 분석기는 레이저 빛을 공기 중에 부유한 에어로졸에 조사하면 빛을 흡수하는 입자(예, 블랙카본입자)는 빛에너지를 열에너지로 변환하면서 열을 발생시키고 음파를 전달하게 된다. 이 음파에서 마이크로폰(microphone)을 이용하여 신호를 감지하는데 이 신호는 에어로졸 입자의 광흡수량에 비례한다. 빛을 산란하는 입자는 열을 발생시키지 않으며 오직 빛을 흡수하는 입자만 열을 발생하므로 광흡수량을 산출하고 이는 블랙카본입자의 질량농도를 계산하는 데 사용한다. 기존의 광학적 방법과 비교할 때 이 측정방법은 입자를 필터에 포집할 필요가 없고 공기 중에 부유한 상태로 입자의 광흡수량을 측정함으로써 필터의 사용으로 인한 포집 오차를 줄일 수 있는 장점이 있다. 또한 단일입자 내 블랙카본의 농도를 측정할 수 있는 레이저유도백열법(laser inducded incandescence)도 사용되고 있다. 단일입자(그을음(soot) 입자가 포함된 경우)를 조사하면 빛 산란과 동시에 레이저유도백열법에 의한 입자가 발생하게 되어 블랙카본농도로 환산되어 측정한다. 보통 single particle soot photometer(SP2)라는 장치로 불리는데 필터를 사용하지 않고 블랙카본의 농도를 산출할 수 있다. 카본의 코팅 두께까지 측정하고 혼합상태도 산출하며 입자의 노화특성과 발생원 추적도 가능하다고 알려져 있다. 특히, SP-2 장치의 경우 블랙카본의 농도뿐만 아니라 혼합상태, 입자 크기, 수농도 등도 측정 가능하다.

흡습성, 휘발성, 혼합상태 측정기술

1) 에어로졸 흡습성 측정법(실시간 측정방법)

입자의 흡습성(hygroscopicity)은 대기 중 수증기를 흡수하여 응축할 수 있는 능력을 나타낸다. 보통 흡습성이 있는 입자(hygroscopic or hydrophilic particles)는 흡수력이 뛰어나다. 대표적으로 NaCl, H_2SO_4, $(NH_4)_2SO_4$ 입자 등이 여기에 해당된다. 상대습도(relative humidity) (RH)가 높을 때 이러한 흡습성 입자는 많은 물을 포함하게 된다(즉, 입자 내 액상수(liquid water) 양이 많음). 흡습성이 없는 입자(non-hygroscopic or hydrophoboic particles)는 상대습도가 높더라도 물을 흡수하지 못한다. 대표적으로는 블랙카본이나 그을음 같은 입자가 이러한 특성을 가지고 있다. 상대습도에 따라 대기 중 입자 내의 물의 양이 달라지게 되면 태양빛의 흡수 및 산란 특성, 구름형성 특성에 중요한 영향을 주게 되고 대기 중 화학반응에 중요한 역할(특히, 습식반응, wet chemistry)을 한다고 알려져 있다. 이에 따라 입자의 흡습성을 신속히 파악할 수 있는 측정기술 개발이 이루어졌고 현재까지 많은 연구가 진행 중에 있다. 입자의 흡습성은 크기별로도 달라지기 때문에 입자 크기별 흡습성을 측정하는 기술이 널리 사용되고 있다. 대표적인 입자흡습성 측정방법으로 HTDMA(hygroscopic tandem differential mobility analyzer) (Park et al., 2003)가 있다. HTDMA 측정법은 두 개의 DMA와 입자 카운터, 습도제어기 등으로 구성된다. DMA는 앞에서 자세히 다루었던 것처럼 전기장 내의 입자의 거동을 이용하여 입자의 크기를 잰다든지 또는 단일입자를 제공하는 데 이용할 수 있는 장치이다. TDMA에서는 첫 번째 DMA는 DMA의 전압을 고정하여 특정 크기의 입자만을 선택한 뒤 상대습도관(RH conditioner)을 통과시킨다. 이곳에서는 적절한 상대습도를 만들어주어 흡습성 입자의 경우 입자 성장이 이루어지도록 한다. HTDMA 측정법은 일정 크기의 입자를 선별하여 다양한 상대습도(10~90%)에 노출시키고 상대습도에 따른 입자의 크기 변화를 측정함으로써 입자의 흡습성을 측정한다. 크기 변화는 두번째 DMA와 CPC를 이용하여 크기분포를 측정하고 첫 번째 DMA 크기와 비교하여 산출한다. 이때 입자의 크기 변화는 보통 성장계수(GF)(=Dp2/Dp1)로 표시된다. 입자 종류별 또는 크기별 특정 상대습도에서의 GF는 다양한 값을 가진다. 구형입자를 가정하여 GF는 입자가 포함하는 액상수분함량도 추정할 수 있다(구형으로 가정하여 부피를 계산하고 밀도를 곱하여 질량비율 산출). 〈그림 45〉는 대표적인 HTDMA 측정방법의 개략도를 나타낸 것이다.

HTDMA 측정장치는 크게 2개의 DMA, 상대습도관, 상대습도 조절장치, CPC 등으로 구성되어 있다. DMA와 CPC에 대한 설명은 이전 장에서 자세히 설명하였다. 일단 대기 중의 입자를 전하를 띠게 하고(중화장치 또는 충전장치를 통과) 첫 번째 DMA로 유입한다. 첫 번째 DMA에서 일정 크기의 입자를 선택하고(DMA 전압 고정) 선택된 입자는 상대습도관으로 유입되고 특정 상대습도에 노출되게 한다. 상대습도는 습식 공기(wet air)와 건식 공기(dry air)의 적절한 조합으로 습도를 조절한다. 습식 공기는 물이 포함된 포화실(saturation chamber)을 통해 생성하게 된다. 상대습도관에서 입자가 충분한 시간(residence time)을 가지고 열역학적 평형상태(thermodynamic

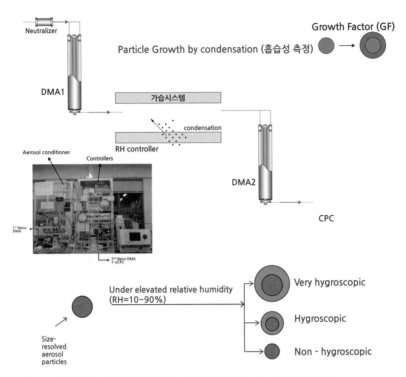

그림 45. **입자의 흡습성 측정을 위한 HTDMA 측정법**(출처: 광주과학기술원(GIST))

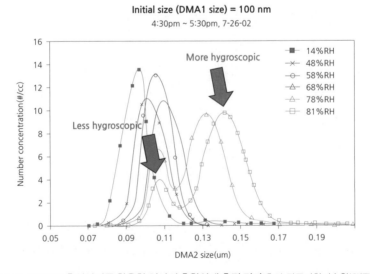

그림 46. **HTDMA 측정장치를 활용한 입자의 혼합상태 측정 결과**(출처: 광주과학기술원(GIST))

equilibrium)가 이루어진다. 이후 흡습성이 있는 입자는 물을 흡수하여 입자 성장을 한다. 흡습성이 없는 입자는 특정 상대습도에서 성장하지 않는다. 이렇게 높은 상대습도에 노출된 입자는 두 번째 DMA로 가게 된다. 두 번째 DMA에서는 DMA2 전압을 스캔하게 되고 크기별로 입자의 수농도를 CPC를 이용하여 측정한다. 즉, 크기분포가 나오고 이 크기(dp2)를 DMA1에서 선택한 크기(dp1)와 비교하여 특정 상대습도에서의 크기 변화를 측정할 수 있게 되는 것이다. 이 크기 변화가 GF(dp2/dp1)이다. 보통 한 크기에서 2~5분 정도면 특정 상대습도에서 흡습성을 측정할 수 있다. 추가적으로 상대습도를 변화시키면서 다양한 상대습도에서 입자 성장을 측정할 수 있고 DMA1에서 다양한 크기의 입자를 선택하여 다양한 크기 입자 성장을 측정할 수도 있다.

특정 크기 대기입자의 경우 다른 종류의 입자가 외부적으로 혼합(externally mixed)되었을 수도 있고, 한 입자 안에서 다양한 성분이 혼합(internally mixed)되었을 수도 있다. HTDMA 측정장치는 이러한 혼합상태를 흡습성에 기반을 두고 파악할 수 있다. 예를 들어 DMA2에서 크기 변화를 측정하였을 때 두 가지 크기 변화가 관찰될 경우, DMA1에서 선택된 입자가 흡습성이 전혀 다른 두 가지 종류의 입자로 외부 혼합되었다는 것을 의미한다. 〈그림 45〉는 실제 대기 중 100 nm 입자를 상대습도 80%에 노출하였을 때 HTDMA 방법을 통해 크기 변화를 측정한 결과이다. 크기분포를 살펴보면 두 가지 모드가 나타난 것을 확인할 수 있다. 많이 성장한 입자와 거의 성장하지 않은 입자가 있음을 의미한다. 이는 100 nm 입자가 흡습성 입자와 비흡습성 입자로 외부 혼합되어 있는 상태로 존재하고 있었음을 설명해준다. 만약 이와 반대로 오직 성장된 입자 모드만 관찰된다면 100 nm 입자는 흡습성이 있는 입자로만 존재한다는 것을 파악할 수 있다.

HTDMA 측정장치를 이용하여 내부 혼합상태도 파악할 수 있다. 특정 크기 입자의 내부 혼합상태를 파악하기 위해서는 후보군이 될 수 있는 다양한 표준입자의 GF 데이터베이스가 필요하게 된다. 즉, 표준입자의 GF와 실제 측정된 GF를 비교하여 입자의 내부 혼합상태를 추정할 수 있다. 〈그림 45〉는 다양한 표준입자의 상대습도 80%에서 측정된 GF를 표시하였다. 대기 중 특정 크기의 입자가(NH_4)$_2$$SO_4$ 성분으로 구성되어 있으면 그림에 나와 있는 GF와 비슷한 값을 가지게 될 것이고 흡습성이 낮은 유기성분이 포함되어 있으면 더 낮은 값의 GF를 가지게 된다. 이렇게 측정된 GF 값을 사용하여 특정 크기입자의 내부 혼합상태도 파악할 수 있다. 좀 더 정확한 내부 혼합상태를 파악하기 위해서 휘발성을 측정을 통한 내부 혼합상태를 추정한 연구도 동시에 진행되었다(Park et al., 2009). 이를 자세히 설명하면 다음과 같다.

2) 에어로졸 휘발성 측정법(실시간측정방법)

입자의 휘발성(volatility)은 입자의 휘발성분 포함 여부를 판별해준다. 입자의 휘발성이 높으면 휘발성분을 많이 포함한다는 것을 의미한다. 온도조건에 따라 휘발성분은 휘발하게 된다. 유기탄소성분, NH_4NO_3 등이 휘발성이 높은 입자(volatile)이다. 반면에 NaCl, 중금속 성분은 휘발성이 낮다(non-volatile). 휘발성은 입자의 화학적 성분을 예측하는 데 사용되고 흡습성과 동시에 측정되기도 한다. 휘발성을 측정하는 방법도 흡습성과 비슷하게 입자 크기별 휘발성을 측정하게 된다. 입자의 휘발성 측정방법은 VTDMA(volatility tandem differential mobility analyzer)이다. VTDMA 측정방법은 일정 크기의 입자를 선별하여 다양한 온도(20~300℃)에 노출시키고 온도에 따라 변화된 입자의 크기 변화를 측정함으로써 입자의 휘발성을 측정하게 된다. 이때 입자의 크기 변화는 보통 수축인자(shrinkage factor)(SF)(=Dp2/Dp1)로 표시된다. 입자 종류별 또는 크기별 특정 온도에서의 SF는 다양한 값을 가진다. SF 값은 구형입자로 가정하여 휘발성분의 부피비율을 파악할 수도 있다. 〈그림 47〉은 대표적인 VTDMA 측정장치의 개략도이다.

3) 에어로졸 혼합상태(mixing state) 측정법(실시간 측정방법)

VTDMA 측정장치는 크게 두 개의 DMA, 열관(heated tube), 온도조절장치, CPC 등으로 구성되어 있다. 흡습성 측정방법과 마찬가지로 일단 대기 중

입자를 중화장치나 충전창치를 통해 전하를 띠게 하고 첫 번째 DMA로 유입시킨다. 첫 번째 DMA에서 일정 크기의 입자를 선택하고(DMA 전압 고정) 선택된 입자는 열관으로 유입되어 특정 온도에 노출되게 된다. 이때 휘발성이 있는 입자는 증발하여 입자 크기가 감소하게 된다. 휘발성이 없는 입자는 특정 온도에서 크기에 변화가 없다. 흡습성 측정방법에서는 상대습도관에서 보통 열역학적 평형상태가 이루어지지만 열관에서는 동적(kinetics) 증발이 이루어지게 된다. 즉, 입자의 체류 시간에 따라 휘발성 입자의 휘발 정도가 달라진다. 이렇게 높은 온도에 노출된 입자는 두 번째 DMA로 간다. 두 번째 DMA에서는 DMA2 전압을 스캔하게 되고 크기별로 입자의 수농도를 CPC를 이용하여 측정하게 된다. 즉, 크기분포가 나오게 되고, 이 크기(dp2)를 DMA1에서 선택한 크기(dp1)와 비교하여 특정 온도에서 크기 변화를 측정할 수 있게 된

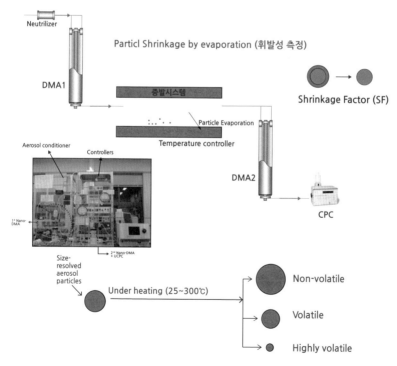

그림 47. **입자의 휘발성 측정을 위한 VTDMA 측정장치**(출처: 광주과학기술원(GIST))

다. 이 크기 변화가 SF(dp2/dp1)이다. 보통 한 크기에서 2~5분 정도면 특정 온도에서 휘발성을 측정할 수 있다. 흡습성 측정방법과 마찬가지로 온도를 변화하면서 다양한 온도에서 입자 크기 감소를 측정할 수 있고 DMA1에서 다양한 크기의 입자를 선택하여 입자의 크기 감소를 측정할 수도 있다.

VTDMA 측정장치는 앞에서 설명한 혼합상태를 휘발성에 기반을 두고 파악할 수 있다. 예를 들어 DMA2에서 크기 변화를 측정하였을 때 두 가지 크기 변화를 관찰하게 된다면 DMA1에서 선택된 입자가 휘발성이 전혀 다른 두 가지 종류의 입자로 외부 혼합되었다는 것을 의미한다. 〈그림 45〉는 실제 대기 중 100 nm 입자를 온도 100 ℃에 노출하였을 때 VTDMA 측정장치를 통해 크기 변화를 측정한 결과이다. 크기분포를 살펴보면 두 가지 모드가 나타난 것을 확인할 수 있다. 많이 감소한 입자와 거의 감소하지 않는 입자가 있음을 의미한다. 이는 100 nm 입자가 휘발성 입자와 비휘발성 입자로 외부 혼합되어 있는 상태로 존재하고 있었음을 설명해준다. 만약 이와 반대로 오직 감소된 입자 모드만 관찰된다면 100 nm 입자는 휘발성이 있는 입자로만 존재한다는 것을 의미한다.

VTDMA 측정장치를 이용하여 내부 혼합상태도 파악할 수 있다. 특정 크기 입자의 내부 혼합상태를 파악하기 위해서는 후보군이 될 수 있는 다양한 표준 입자의 SF 데이터베이스가 필요하다. 즉, 표준입자의 SF와 실제 측정된 SF를 비교하여 입자의 내부 혼합상태를 추정한다. 〈그림 47〉에서는 온도 100 ℃에서 측정된 다양한 표준입자의 SF를 표시하였다. 대기 중 특정 크기의 입자가 $(NH4)_2SO_4$ 성분으로 구성되어 있으면 그림에 나와 있는 SF(=1)와 비슷한 값을 가지게 될 것이다. 즉, 전혀 휘발되지 않는다. 휘발성이 높은 유기성분이 포함되어 있으면 낮은 값의 SF를 가지게 된다. 이렇게 측정된 SF 값을 사용하여 특정 크기 입자의 내부 혼합상태를 파악하게 된다. 마찬가지로 흡습성(HTDMA)과 휘발성(VTDMA) 특성을 결합하면 좀 더 정확한 혼합상태도 추정할 수 있다.

초미세먼지 독성 측정기술

에어로졸 산화독성 측정기술

1) 에어로졸 산화력(oxidative potential) 측정법(비실시간 측정방법)

대기 중 초미세먼지는 인체 건강에 유해하다고 알려져 있다. 입자의 독성 및 유해성을 측정하기 위해 in-vitro, in-vivo, 역학연구 등이 이루어져 왔다. 하지만 빠른 시간에 입자의 독성을 파악하기에는 많은 어려움이 있다. 보통 입자를 포집한 후 다양한 화학적 또는 생물학적 검정을 사용하여 in-vitro 독성 실험을 수행한다. 최근에 입자의 산화력(oxidative potential)을 측정하여 거의 실시간으로 입자의 독성을 측정하는 기술개발이 이루어지고 있다(준실시간 측정방법). 입자의 산화력은 입자가 활성산소(ROS)를 생성하는 능력이다. 입자가 ROS를 많이 발생하게 하면 인체 세포 등에 산화스트레스가 많이 발생하게 되고 산화스트레스는 염증반응이나 세포의 괴사까지 일으킨다고 알려져 있다. 따라서 입자의 산화력이나 입자 내의 ROS를 빠르게 측정하면 신속하게 입자의 독성을 추정할 수 있게 된다.

입자의 산화력(oxidative potential)을 측정하기 위해 다양한 측정법이 사용되고 있다(비실시간 측정방법). Dithiothreitol(DTT 측정) - (Cho et al., 2005), Glutathione(GSH 측정) - (Godri et al., 2011), Ascorbic Acid(AA 측

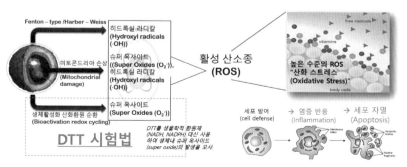

그림 48. **입자의 산화력 측정을 위한 OP-DTT 측정 원리**(출처: Boston University School of Public Health, 2013 & Franco Cavaleri, 2011)

정)-(DiStefano et al., 2009), Covalent bonding with glyceraldehyde-3-phosphate dehydrogenase(GAPDH 측정)-(Rodrigueza et al., 2005), Electron spin resonance(ESR 측정)-(Shi et al., 2003). 현재 Dithiothreitol(DTT) 측정법이 가장 많이 사용되고 있다. DTT는 인체 내부의 항산화물질(anti-oxidant) 역할을 하게 되고 입자가 노출되었을 때 hydroxyl radicals(OH), super oxides(O_2) 등이 생성되며 항산화물질을 소비하게 된다〈그림 48 참조〉. 이때 항산화물질 소비율(즉, DTT 소비율)을 측정하여

PM 추출과정

Step 1: 필터를 15ml conical tube에 넣는다.   **Step 4:** 1시간 동안 shaking한다.(150 rpm)

Step 2: 5ml deionized water (DI)를 혼합한다.

Step 5: 0.4 μm PTFE 이용하여 입자를 제거한다.

Step 3: 1시간 동안 sonication시킨다.

Step 6: 추출용액을 conical tube에 저장한다.

DTT산화(Incubation) 단계:

Keep the room as dark as possible!

Step 1: incubation mixture 준비

- 3ml 입자추출용액
- 14.5ml DI Water
- 5ml 50mM potassium phosphate buffer(pH=7.4)
- 2.5ml 1mM DTT

Note: Prepare a blank vial with similar components, except that 3ml of DI water is used.

Step 2: incubation vial 을 다른 기간 간격으로 shaking한다.(5, 15, 25, 35, 45 minutes)at 200rpm, 37℃

Note: At given time intervals, an aliquot of incubation vial will be mixed with reaction mixture(see next slide).

그림 49. 산화력(OP-DTT) 측정을 위한 입자 추출 및 측정방법

산화력을 산출하게 된다. 입자와 반응한 DTT는 산화되고 남아 있는 DTT 는 DTNB와 반응하여 TNB로 변환하게 된다. 이렇게 변환된 TNB는 UV-spectrophotometer 기기를 이용하여 흡광도를 측정하게 된다(Absorbance at 412 nm). 시간에 따라 감소되는 흡광도는 DTT 소비율(DTT consumption rate)로 전환되고 산화력을 측정하게 된다.

입자 추출부터 반응 단계, 산화력 결정까지의 세부적인 측정 단계를 〈그림 49〉에 표시하였다. 준실시간 측정장치도 같은 반응원리를 이용하여 산화력을 측정하게 된다.

이러한 DTT 측정을 이용하여 입자의 산화력을 준실시간으로 측정하는 방법이 있다. 준실시간 산화력 측정장치는 먼저 입자를 연속적으로 유입하기 위한 도입장치, 유입된 입자를 액체용액화하는 장치(particle into liquid solution, PILS), 생성된 용액을 incubation 또는 반응시키는 반응챔버 및 흡광도 검출장치로 구성된다. 도입장치에서는 초미세먼지를 샘플링하기 위한 도입구가 설치된다. 여기에 도입된 입자는(공기 중에 부유한 입자) PILS라는 장치를 통해 입자가 응축되어 성장하게 되고 커진 입자는 관성 충돌을 통해 포집용액에 모이게 된다〈그림 50 참조〉. 포집용액은 액체관을 따라 이동하게

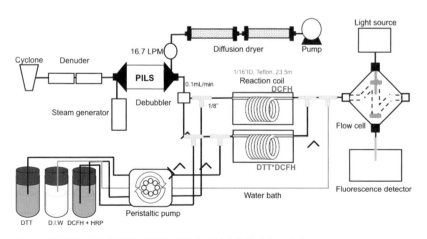

그림 50. **DTT와 DCFH 측정을 이용한 준실시간 입자 산화력 측정방법**(출처: 광주과학기술원(GIST))　　**073**

되고 반응챔버로 유입된다. 반응챔버에 DTT용액을 주입하여 산화시킨다. 이렇게 특정 시간에 incubation이 끝난 용액은 위에서 설명한 것처럼 DTNB와 혼합하게 되고 반응이 완료된 용액은 UV-spectrometer로 흡광도를 측정하게 된다. 이러한 방법으로 입자의 산화력을 준실시간으로 측정할 수 있다.

2) 에어로졸 활성산소 측정법(준실시간 측정법)

입자의 산화력뿐만 아니라 활성산소(ROS)를 직접 준실시간으로 측정하는 방법이 있다(ROS 준실시간 측정장치). DCFH 측정을 이용하는 방법이 그것인데, 이 방법은 DTT 측정과 유사하다. 입자를 포집하고 포집용액은 반응챔버로 보내져 반응을 시킨 후 생성물을 분광계로 측정하여 입자 내 ROS를 직접 측정한다. DCFH 측정은 주로 H_2O_2(ROS 중의 하나)의 양을 직접 측정한다. 입자에 포함된 H_2O_2는 주입된 HRP를 통해 DCFH를 산화시켜(HRP 촉매도 주입하여 검출효율을 증대시킴) DCF를 생성한다. 이때 DCF는 형광물질로써 형광분광계(excitation at 470 and emission 520 nm)로 검출하여 정량화한다. 보통 DTT assay의 경우 입자 내에 포함되어 있는 redox active 한 유기성분 및 금속에 민감하고 DCFH는 입자 내의 hydroperoxide, organic peroxides 등에 민감하다고 알려져 있다. 따라서 실질적인 입자의 산화력을 예측하기 위해서는 다양한 측정법을 조합해서 측정하는 것이 중요하다. 입자 포집, 반응, 검출을 통합하여 〈그림 50〉은 현재 광주과학기술원(GIST)에서 개발 중인 DTT와 DCFH를 이용한 입자 산화력 및 ROS 준실시간 측정방법을 그림으로 나타낸 것이다.

세포독성 측정기술

1) 세포생존(cell viability) 측정법(비실시간 측정방법)

위에서 언급한 입자의 산화력 측정은 화학적 반응(chemical response)을 보는 것이다. 실질적인 유해성을 파악하기 위해서는 입자의 생물학적 반응(biological response)도 함께 살펴보아야 한다. 생물학적 반응을 살펴보기 위해서는 먼저 타겟 세포(cells or cell lines)를 결정하고 입자를 노출하여 다양한 반응을 살펴보아야 한다. 초미세먼지의 경우는 호흡기 및 폐 세포가 많이 사용된다. 생물학적 반응 종류에 따라 다양한 측정방법이 존재한다. 보통 세포생존(cell viability), 돌연변이(mutagenicity), 유전자 손상(DNA damage), 산화스트레스(oxidative stress), 염증(inflammation) 반응 등을 측정하고 각 항목별로 다양한 측정법이 존재한다.

세포생존은 타겟 세포의 구성성분에 따라 다양한 실험법들이 존재한다〈그림 51 참조〉. 대체로 많이 사용되는 실험법으로 크게 neutral red uptake(NRU), lactate dehydrogenase(LDH), tetrazolium salt(MTT, XTT, WST) 실험법이 있다. 각 실험법에 따라 원리는 조금씩 다르지만 기본적으로 타겟 세포를 초미세먼지에 일정 시간 노출시킨 후 각각의 실험법을 이용하여 세포생존을 측정하는 방식이다.

NRU는 neutral red(NR)라는 초생체 염료(supraviatal dye)는 살아 있는 세포(viable cell)의 라이소좀은 염색시키나 초미세먼지에 의하여 사멸한 세포는 염색시키지 않는 원리를 이용한다. 이 원리를 이용하여 초미세먼지에 노출된 세포를 NR로 약 3시간 동안 염색시킨 후 세포에 염색된 NR만을 추출하여

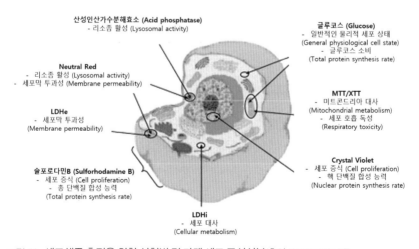

그림 51. 세포생존 측정을 위한 실험법 및 타겟 세포 구성성분(출처: Xenometrix AG)　　075

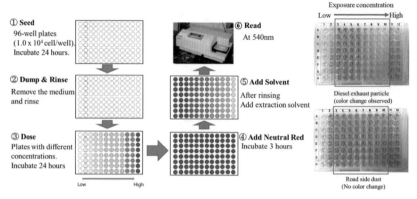

그림 52. Neutral red uptake(NRU) assay 실험 방법(좌) 및 디젤엔진 배출입자와 도로변 먼지를 이용한 NRU 실험 결과(우); 노출 농도에 따른 추출된 neutral red(NR) 염료의 색 차이로 디젤엔진 배출입자의 독성이 도로변 먼지보다 더 높음(세포생존율이 낮음)을 확인할 수 있다.(출처: 광주과학기술원 초미세먼지 피해저감 사업단 최종보고서, 2017)

분광광도계(spectrophotometer)를 이용하여 흡광도를 측정한 다음 음성 대조군의 흡광도와 비교하여 세포생존을 계산한다.

Tetrazolium salt는 3개의 방향족 고리가 연결된 헤테로고리 화합물(heterocyclic compound)의 통칭이며, 실험법에 사용되는 teterazolium salt의 종류에 따라 MTT, XTT, WST 등으로 명명된다. 기본적인 원리로는 tetrazolium salt가 미토콘드리아 탈수소효소(mitochondrial succinate dehydrogenase)에 의하여 formazan으로 환원되는 정도를 색의 변화로 측정한다. 살아 있는 세포(viable cell)에서는 탈수소효소 반응이 활발하여 tetrazolium salt가 formazan으로 환원되는 정도가 강하지만, 초미세먼지에 노출된 세포의 경우에는 이 반응이 활발하지 않은 점을 이용하여 초미세먼지에 의한 cell viability(세포생존)을 측정한다. MTT, XTT, WST 등 다양한 tetrazolium salt를 이용하는 실험법에서의 큰 차이는 tetrazolium salt가 환원되어 생성되는 formazan의 물에 대한 용해성 정도이다. MTT의 경우 환원되어 생성된 formazan이 용해도가 낮아 결정상태로 존재하여 dimethlysulfoxide(DMSO)를 이용하여 formazan을 용해시켜야 하지만, XTT와 WST의 경우 formazan의 용해도가 높아 DMSO를 이용할 필요가 없어 MTT에 비해 실험방법이 간단하다.

2) 돌연변이실험법(비실시간 측정법)

돌연변이(mutagenicity) 실험법으로는 Ames 테스트로 불리는 Salmonella/

*노출농도(회기 군집 수(#/plate))

0 µg/plate(312±6)　　0.1 µg/plate(372±8)　　1 µg/plate(444±4)　　10 µg/plate(798±59)

그림 53. **디젤엔진 배출입자의 노출 농도에 따른 Ames 테스트 결과**(출처: 광주과학기술원(GIST) 초
미세먼지 피해저감 사업단 최종보고서, 2017)

표 1. **Ames 테스트에 사용되는 균주의 종류 및 정보**(출처: K. Mortelmans and E. Zeiger, 2000)

미생물 종류	회귀 발생 조건 (Reversion event)	자연회귀 수[1]		양성 대조군 (회귀 미생물 수)	
		+s9	-s9	+s9	-s9
Salmonella TA98	틀이동 (Frameshift)	20-50	20-50	2AA[2] (1658±188)	4NQO[3] (547±73)
Salmonella TA100	염기쌍치환 (Base pair substitution)	75-200	75-200	2AA[2] (2092±85)	SA[4] (1411±53)
Salmonella TA102	염기 전환/전이 (Transition/ transversion)	200-400	100-300	2AA[2] (1795±111)	MMC[5] (262±20)
Salmonella TA1535	염기쌍치환 (Base pair substitution)	5-20	5-20	2AA[2] (185±23)	SA[4] (560±40)
Salmonella TA1537	틀이동 (Frameshift)	5-20	5-20	2AA[2] (228±21)	9AA[6] (142±36)

1) Kristien Mortelmans and Errol Zeiger, 2000
2) 2-Aminoanthracene
3) 4-Nitro-o-phenylenediamine
4) Sodium azide
5) Mitomycin
6) 9-aminoacridine

microsome mutagenicity assay가 이용된다. Ames 테스트는 생존에 필요한 히스티딘(histidine)을 스스로 합성하지 못하는 히스티딘 영양요구성을 가지도록 유전 변이(gene mutation)를 시킨 Salmonella typhimurium 균주에 초미세먼지를 일정 시간 동안 노출시킨다. 그러면 초미세먼지에 의하여 DNA 손상이 일어나 히스티딘을 스스로 합성하게 되는 히스티딘 비영양요구성을 가지게 된다. 이에 따라 Salmonella는 증식하게 되어 집락(colony)을 형성하게 되고 이 집락의 개수를 세어 초미세먼지의 돌연변이성을 측정한다. 그런데 OECD 가이드라인(OECD guideline for testing of chemicals #471)에 따르면 Salmonella 균주마다 타킷으로 하는 DNA 배열이 다르므로, 정확한 돌연변이성을 측정하기 위하여 최소 5종의 Salmonella 균주를 사용하기를 권고한다〈그림 53, 표 1 참조〉.

3) 산화스트레스 실험법(비실시간 측정방법)

Reactive oxygen species(ROS)는 산화스트레스(oxidative stress)를 일으키는 주된 원인 물질로 알려져 있다. ROS는 oxygen superoxide, peroxide, hydrogen peroxide 등과 같이 자유 라디칼(free radical) 또는 홀전자(unpaired electron)를 가지는 산소종을 말한다. 자유 라디칼 또는 홀전자 상태로 존재하기 때문에 매우 불안정하며, 안정화된 상태로 가기 위하여 주변에서 전자를 얻으려는 성질이 있다. 따라서 세포 주변에서 생성되는 ROS는 세포벽 또는 세포 구성성분으로부터 전자를 얻게 된다. 전자를 잃은 세포는 손상을 입게 되며 산화스트레스, DNA 손상뿐만 아니라 세포 괴사에까지 이르게 된다. 산화스트레스를 측정하기 위해서는 DCFH assay를 사용한다. DCFH assay는 비형광성(non-fluorescent) 물질인 2', 7'-chlorofluorescin diacetate(DCFH-DA)가 세포벽을 통과해 세포 내부로 들어가서 세포 내 에스터가수분해효소(cellular esterase)에 의해 DCFH로 분해된다. 이후 초미세먼지에 의하여 발생된 ROS가 DCFH(Dichlorofluorescin)를 형광성(fluorescent) 물질인 DCF(dichlorofluorescein)로 산화시켜 형광분광계

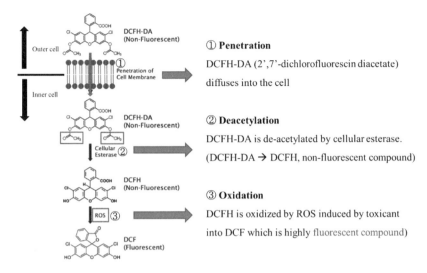

① **Penetration**

DCFH-DA (2',7'-dichlorofluorescin diacetate)
diffuses into the cell

② **Deacetylation**

DCFH-DA is de-acetylated by cellular esterase.
(DCFH-DA → DCFH, non-fluorescent compound)

③ **Oxidation**

DCFH is oxidized by ROS induced by toxicant
into DCF which is highly fluorescent compound)

그림 54. **DCFH assay의 원리**(출처: Cell Biolabs, Inc)

(fluorescent spectroscopy) (excitation at 495 and emission 529 nm)로 검
출하여 그 정도(intensity)를 측정한다〈그림 54 참조〉.

4) 염증 반응 실험법(비실시간 측정법)

초미세먼지에 의하여 세포에서 발생되는 염증(inflammation) 반응을 측
정하기 위하여 항원항체반응을 이용하는 효소면역정량법(ELISA, enzyme-
linked immunosorbent assay)이 사용된다. Direct ELISA, indirect ELISA,
sandwich ELISA, competitive ELISA 등의 여러 가지 방법이 사용되고 있으

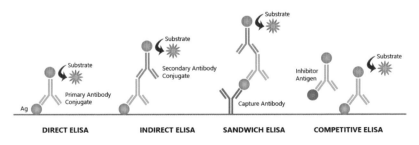

그림 55. **효소면역정량법**(ELISA, enzyme-linked immunosorbent assay)의 종류(출처: BosterBio)

며, 그중 sandwich ELISA가 가장 많이 이용되고 있다〈그림 55 참조〉. 기본적인 원리는 초미세먼지에 일정 시간 동안 노출된 세포에서 발현되는 시토카인(cytokine) 등의 타겟 항체(antibody)를 항원(antigen)을 이용하여 측정하는 것이다.

원격 및 입체 측정기술

통합 대기환경 관측기술

다양한 입자 및 기체상 오염물질이 배출, 생성, 이동하는 동북아시아의 풍하 지역에 위치한 한반도의 대기환경을 위해서는 실시간, 연속적, 효과적으로 모니터링할 수 있는 기술 개발이 필요하다. 통합 대기환경 모니터링 기술은 개별 기술 적용을 넘어서 통합 모니터링 기법을 적용하여 오염물질 및 전구물질을 실시간, 연속적으로 광범위한 영역에서 모니터링할 수 있는 인프라가 구축되어야 한다. 이렇게 얻어진 측정 자료는 3차원 기상모델과 대기확산·화학수송모델 등과 결합하여 한반도 대기 질을 분석·진단·예측할 수 있는 시스템을 구축하게 된다.

〈그림 56〉은 광주과학기술원(GIST) 환경모니터링신기술연구센터에 구축된 통합 대기환경 모니터링 시스템이다. 지상에서의 실지(in-situ) 및 원격 측정, 연직분포, 항공측정 및 위성자료 분석을 통해 미세먼지나 전구물질을 통합적으로 관측한다. 〈표 2〉는 통합 대기관측 시스템의 관측 내용이다. 지상에서는 미세먼지의 물리적, 화학적, 광학적 성질을 준실시간으로 파악하기 위해 미세먼지 농도 및 크기분포 측정, PILS-IC, PILS-TOC를 이용한 수용성 이온성분 및 수용성 유기탄소의 실시간 측정, SEAS를 이용한 중금속 성분의 실시간 측정, Sunset OC/EC analyzer를 이용한 실시간 탄소성분(유기탄소 및 원소탄소) 측정을 한다. 대기 에어로졸의 광학적 특성 파악을 위해서는 humidograph와 nephelometer를 결합하여 입자상 물질의 습도별 산란계수 측정, Aethaolmeter를 이용한 흡수계수 및 BC 측정, Transmissometer를 이

용한 소멸계수 측정을 한다(지상 측정기술은 이전 장에서 자세히 기술됨).

다파장 라만 라이다 시스템으로는 대기 에어로졸의 연직분포와 고도별 광학적 특성과 미세물리적 특성을 원격으로 측정한다. 선포토미터 측정을 통해 지속적으로 에어로졸 광학적두께(AOD), 파장멱지수(Angstrom exponent) 등

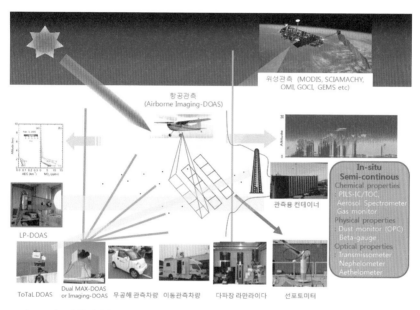

그림 56. 광주과학기술원 통합 대기환경 모니터링 시스템

표 2. 통합 대기관측 시스템 및 관측 내용

실지관측(In-situ)		- 미세입자의 물리적, 화학적, 광학적 특성 준실시간 측정
원격 모니터링	DOAS	- LP-DOAS(능동형, 미량기체 및 에어로졸) - Airborne Imaging DOAS(3차원 농도 분포) - MAX-DOAS(수동형, 미량기체 및 에어로졸)
	Satellite	- 개선된 에어로졸의 광학적 특성 - 미세먼지, 미량기체 분석 알고리즘
	Lidar	- 다파장 Raman Lidar: 에어로졸 연직분포 - 광학적, 미세물리적 특성
	Sunphotometer	- 에어로졸 광학적 두께(AOD)
입체관측		- 항공기를 활용한 대기 에어로졸 및 가스성분의 특성 분포

을 분석하고 $PM_{2.5}$ 농도로 환산한다. 여러 종류의 DOAS를 활용해 미세먼지와 SO_2, NO_2, HCHO, O_3 등의 가스상 물질 농도를 동시에 원격으로 측정한다.

위성관측자료와 지점 관측의 한계점을 극복하기 위하여 항공관측과 더불어 위성원격 측정 및 지상관측자료와 3차원 모델링과의 자료 동화(data assimilation)를 통하여, 한반도 및 동아시아에서 대기오염물질 진단·예보 능력을 향상시킬 수 있다.

라이다 원격 입체 관측기술

미세먼지의 전 과정은 3차원 대기 중에서 일어난다. 지표면에서의 관측만으로는 전 과정을 이해하는 데 한계가 있을 수밖에 없다. 장거리로 이동되는 오염물질들의 공간적 특성 분포, 3차원 모델링 결과의 검증 및 개선을 위해서는 연직농도 분포관측은 필수적이다. 대기입자의 연직농도 분포를 원격으로 측정할 수 있는 장비가 라이다(LiDAR, Light Detection and Range)이다. 라이다 관측은 대기입자의 연직농도 분포뿐만 아니라 입자의 종류를 구분할 수 있는 수준으로 발전되고 있다. 최근에는 라이다와 분광기를 합쳐서 대기미량기체의 연직농도 분포도 동시에 관측하는 기술이 개발되고 있다.

1) 라이다 관측

라이다는 레이저를 광원으로 하여 대기 중으로 조사된 레이저 광이 대기 중에서 분자나 입자에 의해 흡수 및 산란된다. 이 발생된 산란광 중에서 후방으로 산란된 빛을 망원경으로 수신, 대기 중의 기체 및 입자상 오염물질의 고도별 농도분포를 실시간, 연속적으로 감시할 수 있는 최첨단 원격탐사 장비이다. 특히 라이다는 기존의 장비들이 제공하지 못하는 고도분포에 대한 정보를 제공함으로써 미세먼지의 고도별 분포와 입자의 미세물리적 특성 등 중요한 관측자료를 생산해내고 있다.

라이다는 〈그림 57〉에서 보듯이 크게 세 부분으로 이루어져 있다. 레이저와 광학계로 구성되어 레이저 펄스를 대기 중으로 보내주는 송신부, 망원경,

필터, 센서 등으로 이루어져 후방산란된 신호를 받는 수신부 그리고 센서에서 나온 신호를 처리하여 최종적으로 자료를 분석하는 데이터 처리부가 그것이다.

라이다 송신부에서 나온 레이저 펄스는 대기 중으로 진행하면서 한 번 감쇄되어 대기입자에 조사되고 그중 후방산란된 빛은 다시 대기 중을 통과하면서 감쇄되어 수신망원경으로 들어오게 된다. 돌아온 빛의 세기는 대기 감쇄계수와 에어로졸의 물리적 특성인 후방산란계수 $\beta(\lambda, z)$에 의해 결정된다. 라이다 방정식은 다음과 같다.

$$P(\lambda, z)=Po(\lambda)K(\lambda) \; z-2\beta(\lambda, z) \; \exp -2 \int (\alpha(\lambda, z))dz$$

  $P(\lambda, z)$: retrun signal at time t(or at distance z)

  $Po(\lambda, z)$: transmitted power at time zero

  $K(\lambda)$: system constant

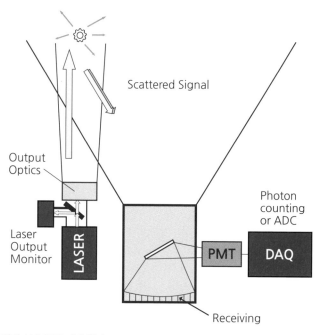

그림 57. 라이다 시스템의 기본 원리

$\alpha(\lambda, z)$: extinction coefficient(molecule&aerosol)

$\beta(\lambda, z)$: backscatter coefficient

라이다 방정식에는 두 개의 구해야 할 상수, $\alpha(\lambda, z)$와 $\beta(\lambda, z)$가 있기 때문에 일반 라이다 분석에서는 라이다비(lidar ratio = $\alpha(\lambda, z)/\beta(\lambda, z)$)를 가정하여 대기감쇄개수의 연직분포를 얻고 다시 대기입자 농도의 연직분포로 환산한다.

라이다는 레이저 펄스와 대기 중의 물질이 작용하는 물리적인 현상에 따라 미산란(Mie scattering) 라이다, 라만(Raman) 라이다, DIAL(Differentail Absorption Lidar), 형광(Fluorescence) 라이다, HSRL(High Spectral Resolution Lidar) 라이다 등으로 종류가 다양하다. 편광라이다는 수신부에 편광기를 설치하여 수직 및 평행 편광 성분을 측정하는 동시에 편광비를 측정한다. 편광비를 통해 입자가 구형(황산염, 질산염)인지 비구형(먼지, 황사 입자)인지를 구분해낸다.

(1) 미산란 라이다

이 라이다는 진행하는 레이저 펄스가 입자에 의해 후방 산란되는 특성을 이용하는 것인데, 빛의 파장과 입자의 크기, 종류(굴절률), 모양에 따라 산란 특성이 다르게 된다. 에어로졸의 모양이 구형(sphere)이고, 종류, 즉 굴절률이 일정하다고 가정하면 라이다 신호의 시간별 세기로부터 고도별 입자의 농도를 구할 수 있다. 일반적으로는 하나의 파장을 사용하는데, 특별히 여러 개의 파장을 보내어 파장별 신호를 얻는 라이다를 다파장(multiwavelength) 라이다라고 부른다. 각 파장에 따라 얻어지는 라이다 신호의 양이 달라지게 되고, 이런 차이를 분석해서 대기 중에 있는 에어로졸의 크기분포를 얻을 수 있다.

(2) DIAL 라이다

대기 중에 있는 가스의 농도 분포를 측정하기 위하여 가스가 파장에 따라 차등적으로 흡수하는 특성을 이용하는 DIAL(DIfferential Absorption Lidar) 방식의 라이다이다. 모든 가스들은 각각 고유한 흡수 스펙트럼을 갖고 있어 파장에 따라 흡수 정도가 달라진다. 그러므로 어떤 특정한 가스를 측정할 때 그 가스가 많이 흡수하는 파장과 적게 흡수하는 파장의 빛을 동시에 보내주면 대기 중에 있는 가스에 의해 흡수가 차등적으로 일어나고 그에 따라 후방산란으로 얻어지는 신호의 세기 역시 거리에 따라 달라지게 된다. 이렇게 얻은 두 가지 빛의 신호량을 서로 비교하면 대기 중에 분포하는 가스의 농도를 거리별로 알아낼 수가 있다. DIAL 라이다 중에 대표적인 것이 성층권의 오존을 측정하는 라이다이다.

(3) 라만 라이다

Mie Scattering 라이다나 DIAL 라이다는 처음에 보낸 레이저 파장의 빛이 산란된 것을 탐지하는 것에 반해, 라만(Raman) 라이다는 보낸 파장과 다른, 즉 바뀐 파장의 빛을 관측하는 것이다. 다시 말하면 라만 산란(Raman Scattering)된 신호를 받는 것이다. 강력한 레이저 펄스가 대기 중에 조사되면 분자들이 대부분은 받은 빛을 파장의 변화 없이 그대로 산란시키지만 일부는 자기가 갖고 있는 에너지 준위만큼 뺀 에너지를 갖는 파장의 빛을 내보낸다. 이러한 파장은 물질에 따라 고유하게 정해져 있기 때문에 그 신호를 받아서 그 물질의 양을 계산한다. 이러한 방법으로 대기 중에 있는 질소, 산소, 수증기 등에서 오는 신호를 관측한다.

대기 에어로졸 관측에 있어 라만 라이다의 가장 큰 장점은 Mie scattering 라이다 데이터 분석에는 라이다비(Lidar ratio) 값을 가정하여 입력하여 고도별 소산계수를 산출하게 되는데, 이 라이다비는 에어로졸의 종류와 광학적 특성에 따라 다른 값을 가지고 있어 가정 시 높은 오차를 유발한다. 그런데 라만 라이다는 이러한 라이다비를 가정 없이 직접 산출하기 때문에 대기입자 감쇄계수의 분석값이 정확하고 에어로졸의 종류를 구분할 수 있는 장점이 있다. 그러나 라만 신호가 작아서 고출력 레이저가 필요하고 대부분 야간에만 측정이 가능한 한계도 있다.

(4) 형광 라이다

일반적으로 에너지가 큰, 즉 파장이 짧은 빛을 흡수하여, 에너지가 작은, 즉 파장이 긴 형광 빛을 방출한다. 여러 원자들로 구성된 분자구조는 주로 탄소를 포함한 유기물인 경우가 많기 때문에 주로 대기 중에 부유하고 있는 미생물, 꽃가루와 같은 유기물에서 나오는 형광을 측정하기 위하여 사용한다. 이런 미생물을 구성하고 있는 물질에서 자외선을 비춰주면 고유한 형광을 발생시키기 때문에 이를 탐지하기 위하여 형광 라이다가 많이 연구되고 있다.

(5) HSRL 라이다

HSRL(High Spectral Resolution Lidar)은 매우 높은 파장 분해능을 가진 검출기를 이용하여 공기분자와 입자에 의한 산란을 구분하는 방식으로 신호를 수신하여 Raman 라이다와 마찬가지로 소산계수와 후방산란계수를 라이다비 가정 없이 산출할 수 있다. Raman lidar는 라만 산란 신호의 세기가 매우 미약하여 주로 밤 시간대에 관측되는 것과 달리 HSRL은 낮 밤 구분 없이 정상적인 신호를 수신할 수 있다. 다만, 매우 좁은 영역대의 파장 구분이 가능해야 하기 때문에 시스템이 고가인 단점이 있다. 하지만 분석 데이터의 정밀도와 관측의 연속성으로 그 활용성이 점점 높아지고 있으며, 현재는 항공기 장착 라이다와 위성 라이다에 적용이 되고 있는 차세대 라이다로 통한다.

미세먼지와 관련된 대기 에어로졸 관측에는 주로 미산란(Mie scattering) 라이다나 라만(Raman) 라이다가 활용된다. 〈표 3〉은 국내외에서 라이다를 이용하여 대기관측을 수행하고 있는 연구기관과 연구내용 및 활용현황을 나타낸다. 미세먼지 연구에 있어 대기 에어로졸 고도분포에 대한 정보는 매우 중요하기에 대기환경 및 기후변화 등에 대한 연구를 수행하기 위하여 전 세계적으로 라이다 장비가 활용되고 있다.

2) 광주과학기술원(GIST)의 다파장 라만 라이다 시스템

라이다 기술 선진국에서는 다파장 라만 라이다를 활용한 고도별 에어로졸의 특성 연구가 많이 이루어졌으며, 유럽에서는 이를 네트워크화하였다 (Pappalardo et al., 2014). 반면, 동북아시아 지역에서 다파장 라만 라이다 시스템을 구비한 곳은 한국의 광주과학기술원과 일본 도쿄 해양대학교가 전부이다. 현재 일본에서는 정상적으로 운영되고 있지 않아 동북아시아 지역에

표 3. 국내외 미세먼지 라이다 관련 연구현황

연구수행 기관	사용 라이다 및 연구	활용현황
광주과학기술원(GIST)	다파장 라만-분광 라이다 시스템 (2α+3β+2δ)	대기 에어로졸의 고도분포, 에어로졸 종류 구분, 기체상 오염 물질의 고도분포 및 농도 산출
서울대학교	MPL(2β+1δ)	24시간 연속 관측, 낮은 고도
기상청	미산란 라이다(1β+1δ)	황사 관측 및 예보
국립환경과학원	소형 라만 라이다 (1α+1β+1δ)	황사 및 미세먼지
NASA Goddard Space Flight Center(USA)	다파장 라만 라이다, DIAL, Doppler 라이다 등 각종 라이다 시스템 개발 및 응용	대기 에어로졸의 광학적 특성 연구, MPLNET 운영
Institute for Tropospheric Research, IfT(Germany)	라이다를 이용한 대기 에어로졸 종류 구분 및 각각의 광학적 특성 산출	사하라 먼지 폭풍과 아프리카 biomass burning 입자 구분 및 각각의 광학적 특성값 산출 등
George Mason University(USA)	CALIPSO, MODIS 자료와 PM$_{2.5}$와의 관계 분석	위성자료의 대기 질 응용
National Institue of Environmental Studies, NIES(Japan)	다파장 라만 라이다, DIAL, Doppler 라이다 등 각종 라이다 시스템 개발 및 AD-NET 운영	황사 및 미세먼지 예보에 라이다 자료 활용, 황사와 황사 외 에어로졸의 광학적 구분
Kyushu Univ.(Japan)	황사의 이동과 광학적 특성을 CALIPSO와 장거리 이동모델 결과와 비교분석	황사 구조 및 모델결과 검증
AIOFM, Anhui, China	도플러 라이다, HSRL 등 다양한 라이다 시스템 개발	에어로졸 광학적 특성 연구, 대기 풍향/풍속 연구
KNMI(Netherlands)	바이오매스 에어로졸의 이동경로 관측	장거리 이동성 에어로졸의 경로 모니터링
European Aerosol Reasech Lidar Network, ERALINET	독일이 중심이 되어 다파장 라만 라이다, DIAL 등 각종 라이다 시스템 개발	유럽의 모든 라이다 시스템을 네트워크화하여 Saharan dust, 화산재, 오염입자 등 각종 대기 에어로졸 연구
NASA Langley Research Center,LRC(USA)	Airborne HSRL(2α+3β+2δ), CALIPSO 위성탑재	대기 에어로졸 고도분포, 고도별 입자 크기분포, 고도별 단산란알베도 산출

서는 광주과학기술원의 라이다 시스템이 유일한 다파장 라만 라이다 시스템이다(Noh et al., 2008).

광주과학기술원의 다파장 라이다 시스템은 2001년에 구축되어 소산계수(Extinction coefficient) 등의 광학적 특성을 관측하여 왔으며, 2004년부터 두 파장에서의 에어로졸 소산계수(Extinction coefficient)와 세 파장에서의 후방산란계수(Backscattering coefficient)를 동시에 관측할 수 있는 다파장 라만 라이다 시스템을 구축하였다〈그림 58〉. 그 후 3개 파장(355, 532, 1064 nm)에서 후방산란계수, 2개 파장(355, 532 nm)에서 소산계수, 2개 파장(355, 532 nm)에서 편광소멸도를 직접 측정하기 때문에 $2\alpha+3\beta+2\delta$ 시스템 라이다라고 불린다.

〈그림 59〉는 다파장 라이다 데이터를 역행렬 알고리즘(Muller et al., 1999)을 이용하여 산출한 미세물리 특성 연직분포의 결과이다. 검은 실선으로 표시된 에어로졸 후방산란계수는 에어로졸층이 3.5 km까지 분포하고 있음을 보여준다. 그러나 고도별로 분석된 각 미세물리 지표들은 2 km 경계층을 기준으로 에어로졸의 특성이 바뀜을 확인시켜준다. 2 km 이하의 에어로졸은 입자가 크고 높은 단산란반사도(SSA)의 특성을 보이나 2 km에서 3.5 km 사이에 존재하는 에어로졸은 이에 비하여 상대적으로 입자 크기가 작고 낮은 SSA를

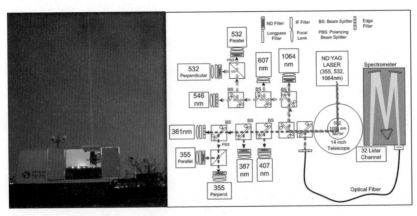

그림 58. 광주과학기술원(GIST) 다파장 라만 라이다 시스템과 구조도

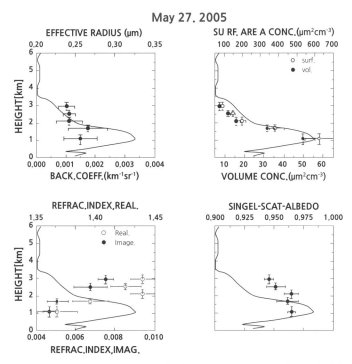

그림 59. 다파장 라만 라이다 시스템으로 관측된 고도별 에어로졸 분포 및 고도별 광학적 특성,
(a) Effective radius, (b) Surface area and volume concentration, (c) Refractive index real and
imaginary part, (d) Single-scattering albedo(출처: Noh et al., 2011)

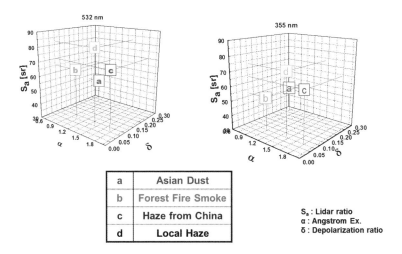

a	Asian Dust
b	Forest Fire Smoke
c	Haze from China
d	Local Haze

S_a : Lidar ratio
α : Angstrom Ex.
δ : Depolarization ratio

그림 60. 편광소멸도(Depolarization ratio), 라이다비(Lidar ratio), 파장멱지수(Angstrom
Exponent)를 이용한 에어로졸 종류 구분 예(출처: 노영민, personal communication)

보여주고 있다. 라만 라이다 관측을 통하여 에어로졸의 고도분포뿐만 아니라 고도별 미세물리 특성을 파악할 수 있음을 보여준다.

또한, 광주과학기술원의 다파장 라만 라이다의 한 관측 요소인 편광소멸도는 입자의 비구형성을 파악할 수 있다. 일반적인 대기 에어로졸은 입자의 형태가 구형으로서 편광소멸도 값이 5% 이내의 값을 보인다. 하지만 순수한 황사 입자는 비구형 입자로서 20% 이상의 높은 편광소멸도 값을 보인다. 이러한 입자의 형태에 따른 차이로부터 관측된 에어로졸에 황사가 존재하는지, 존재한다면 순수 황사인지, 황사와 오염입자가 혼합된 것인지, 혼합되었다면 그 중에서 황사의 비율은 어느 정도인지를 파악할 수 있다.

〈그림 60〉은 광주과학기술원의 다파장 라만 라이다 시스템에서 산출되는 관측요소인 편광소멸도(depolarization ratio, 355 and 532 nm), 라이다비(lidar ratio, 355 and 532 nm), 파장 멱지수(Angstrom exponent, 355~532 nm 파장에서의 소산계수 값으로부터 산출)를 이용하여 대기 에어로졸의 종류를 구분한 예시이다. 황사의 경우 입자 형태는 비구형성이고, 입자 크기는

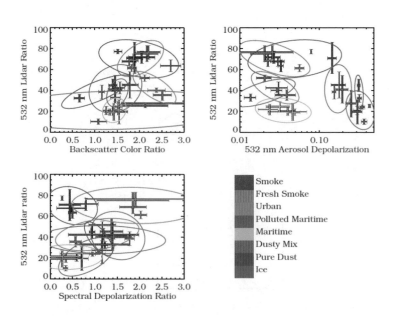

그림 61. 라이다 측정자료를 이용한 에어로졸 종류 분류(출처: Burton et al., 2012)

큰 입자로 구성되어 있다. 이와 달리 산업활동에 의하여 발생되는 오염입자는 구형에 적은 입자 사이즈를 보인다. 이러한 차이로부터 에어로졸의 종류가 구분될 수 있다.

〈그림 61〉은 HSRL 라이다의 광학적 관측 요소를 이용하여 에어로졸 종류를 구분하는 예이다. 532 nm 라이다비와 backscatter color ratio, 532 nm 편광비, 파장별 편광비 사이의 관계에 의해 대기 에어로졸을 8가지 종류로 분류할 수 있다(Burton et al., 2012). 〈그림 62〉는 대기 에어로졸의 종류별 라

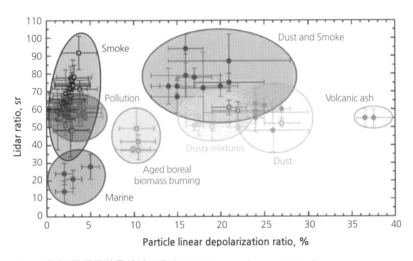

그림 62. 에어로졸 종류별 특성 분포(출처: Muller D., personal communication)

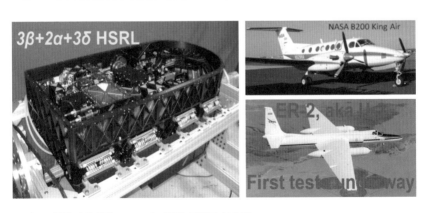

그림 63. 항공기 탑재형 2α+3β+3δ HSRL 라이다 시스템

이다비와 편광비 분포를 보여주고 있다.

광주과학기술원(GIST)에서는 다파장 라만 라이다 시스템으로 관측되는 2 파장에서의 편광소멸도와 2 파장에서의 소산계수, 그리고 3 파장에서의 후방 산란계수를 활용하여 동북아시아 지역에서 관측되는 입자의 종류에 대한 구분, 혼합 정도 확인 및 종류별 연직분포를 규명하는 연구가 진행 중이다.

3) 항공기 및 인공위성 탑재용 라이다

측정기기 기술 발전으로 선진국에서는 라이다를 항공기에 탑재하여 3차원 입체관측을 실시할 수 있는 능력을 확보하고 있다. 대표적인 예가 〈그림 63〉의 NASA LRC(Langy Research Center)의 항공측정용 다파장HSRL (Airborne Multiwavelength High Spectral Resolution Lidar)이다.

HSRL 관측을 통하여 〈그림 64〉처럼 고도별 에어로졸의 분포 및 고도별 단산란 반사도 값을 산출할 수 있다(Muller et al,. 2014). 항공측정용 HSRL 은 향후 위성용으로 활용될 것이며, 이 위성이 관측을 시작하게 되면 현재

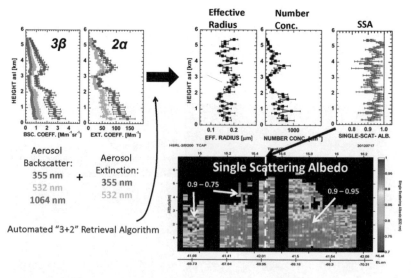

그림 64. 항공장착 HSRL 관측 데이터 분석을 통한 고도별 단산란 알베도 산출 예(출처: Muller et al., 2014)

의 유일한 위성 라이다인 CALIPSO(Cloud-Aerosol Lidar and Infrared Pathfinder Satellite Observation)를 대체하게 될 것이다(Winker et al., 2009). 〈그림 65 참조〉

4) 라이다 관측 네트워크

라이다 관측 사이트의 대부분은 미국과 유럽에 분포하고 있다. 전 세계적으로 대기오염물질이 가장 많이 생성되는 아시아 지역은 상대적으로 매우 적은 관측 사이트가 운영되고 있다. 미세먼지 및 초미세먼지 관측과 예보의 활용에 있어 라이다의 중요성은 갈수록 높아지고 있는 현실에서 관측망 수의 증가와 함께, 현재 있는 라이다 사이트로부터 산출되는 데이터 활용도를 높이는 것이 중요하다. 이러한 점에서 라이다 관측망의 네트워크화는 매우 중요하다.

(1) 한반도 지상 라이다 관측망

KALION(Korea Aerosol Lidar Observation Network)은 한반도로 유입되는 에어로졸을 실시간으로 감시하고 에어로졸에 의한 기후효과 공동연구 수행을 목적으로 2015년 구축되었으며, 라이다 관측자료 통합관리시스템 구축

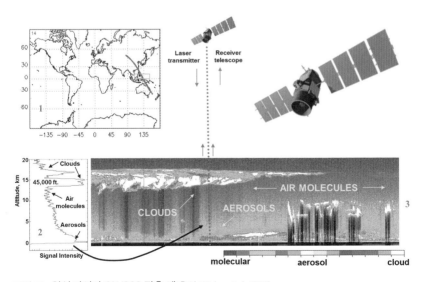

그림 65. **위성 라이다 CALIPSO 관측 예**(출처: Winker et al., 2009)

및 표준 알고리즘의 적용을 통해 라이다 관측자료 분석 및 결과를 홈페이지 (http://www. kalion.kr)에 올리고 있다.

KALION은 총 9개 기관이 참여하고 있으며, 10개의 관측소들은 서해안 (백령도, 안면도, 제주 고산), 내륙(서울, 대전, 광주), 동해안(강릉, 울산) 축에 설치되어 한반도로 유입 및 유출되는 황사나 미세먼지의 분포를 입체적으로 감시할 수 있는 장점을 지니고 있다. 광주과학기술원(GIST)을 제외하고는 KALION에 속해 있는 라이다는 미산란(Mie-scattering) 라이다로 에어로졸의 고도분포와 광학적 농도, 그리고 편광소멸도로부터 황사와 에어로졸을 구분하는 데 필요한 데이터를 산출할 수 있다. 그러나 인력 부족과 정책적 지원 부족으로 현재 산출되고 있는 라이다 데이터를 제대로 활용하지 못하고 있는 실정이다.

그림 66. **AD-NET 관측망**(출처: http://www-lidar.nies.go.jp/)

(2) 동북아 AD-NET 관측망

일본 국립환경과학원은 1970년대부터 라이다 시스템을 운영하기 시작하여 현재는 〈그림 66〉에서 보듯이 황사의 발원지인 중국 사막 지역과 몽골, 그리고 황사의 이동경로인 한반도를 포함하여 일본 전역에 라이다 관측 네트워크(AD-NET(The Asian Dust and Aerosol Lidar Observation Network)를 구성하여 실시간 연속적인 관측을 수행하고 있다(http://www-lidar.nies. go.jp/, Sugimoto et al., 2014). 관측된 데이터들은 분석을 통하여 황사 예보 시스템과 연계하여 황사 발생을 예측하고 이를 기반으로 황사 예보에 활용하고 있다. 모델 분석을 통한 황사 예보 시스템에 라이다 네트워크로부터 산출되는 실시간 연속적인 데이터를 활용하여 분석 결과의 비교, 검증을 통하여 모델의 예측 성능을 높이고 있다.

AD-NET 초기에는 황사 예측에 초점이 맞추어져 있었으나, 현재는 미세먼지 및 초미세먼지 관측에도 즉각적으로 활용하고 있다. 동북아 지역 에어로졸

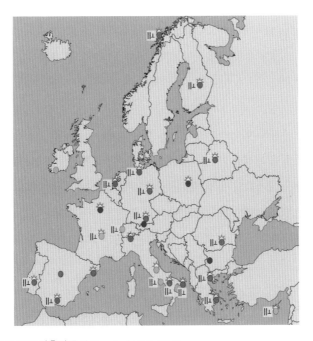

그림 67. **EARLINET 관측망**(출처: Pappalardo et al., 2014)

의 공간 분포 및 이동을 빠르게 파악하기 위한 목적으로 편광 미(Mie)산란 라이다들로 구성되어 있으며 전 시스템에서 관측이 자동으로 수행되도록 설계되어 있다. 이러한 일본의 라이다 활용 예는 국내 라이다 네트워크의 운영과 자료의 활용 방법의 좋은 예가 될 수 있다.

(3) 유럽의 EARLINET 관측망

유럽은 독일을 중심으로 다파장 라만 라이다 관측망을 네트워크화하여 관측 데이터를 공유하고 있다. 〈그림 67〉은 EARLINET(European Aerosol Research Lidar Network, https://www.earlinet.org/) 관측망이다. 2000년부터 관측망을 확장하여 현재 16개국에 27개 관측소가 운영 중이다 (Pappalardo et al., 2014). 이를 통하여 유럽으로 장거리 수송되는 월경성 에어로졸, 사하라 먼지, 북극연무 등의 이동경로 파악, 광학적 특성, 대기환경에의 영향성 등에 대한 연구를 지속적으로 해오고 있다.

5) 라이다의 역할

정부에서도 초미세먼지의 중요성을 인지하여 2013년 시험예보를 거쳐 2014년부터 미세먼지 예보를 실시하고 있다. 그러나 현재까지는 초미세먼지 예보를 위한 기초 연구 자료를 지상관측망에서 산출된 데이터에만 의존하고 있는 실정이다. 초미세먼지는 국내에서 발생되는 것도 있으나 상당 부분이 중국으로부터 장거리 이동되어 국내 대기에 영향을 주는 것으로 알려져 있다. 2014년 미세먼지 저감을 위하여 한국과 중국 간의 협력을 추진하고 중국 주요 도시의 실시간 대기오염 측정 자료를 공유하기로 양해각서를 맺었으나, 이 또한 발생량에 관한 자료이며 지상관측자료에 한정되어 있다. 이와 같은 지상관측망에 의존한 연구는 장거리 이동된 오염물질과 국내 발생 오염물질의 영향성에 대한 정확한 산출이 제한된다.

장거리 이동되는 입자상 오염물질은 다양한 고도와 경로로 국내 대기에 유입되게 된다. 많은 부분이 대기경계층 이내의 고도로 이동되어 국내 대기에 영향을 미치지만, 일부는 대기경계층 이상의 고도로 이동하기도 한다. 대기경계층 이상의 고도로 이동하는 경우 상층에만 존재하던 미세먼지가 하강하여 국내 대기에 영향을 미치거나, 하강 없이 대기경계층 상층으로만 이동하여 국내 대기에 영향을 미치지 않는 경우도 있다. 미세먼지 예보에는 지상관측 데이터와 함께 위성 데이터 분석 자료도 함께 활용되고 있는데, 상층으로 이동하는 경우 위성 데이터에는 이동하는 것이 관측되나 지상관측망에는 관측이 되지 않을 수도 있다. 이럴 경우 미세먼지를 예보하는 상황에서 예보의 정확성이 떨어지게 된다. 이에 라이다 관측 데이터의 중요성이 부각된다.

미세먼지의 이동 고도를 정확히 파악할 수 있는 라이다 자료가 있으면, 위성, 지상관측 데이터와 라이다 자료의 통합적인 데이터 분석을 통하여 라이다 자료로부터는 미세먼지의 이동 고도를, 위성자료로부터는 이동 지점과 확산 경로를 파악할 수 있다. 이러한 원격탐사 자료를 기반으로 지상에서 관측된 농도 자료를 분석하면 장거리 이동되는 미세먼지 예보의 정확성을 높일 수 있다.

라이다 관측자료의 활용성을 높이기 위하여 고도별 농도 및 미세물리적 특성을 산출하는 방법에 대한 연구가 필요하다. KALION의 라이다 관측자료로부터 산출되는 요소를 조합하여 관측된 대기 에어로졸을 황사와 황사 외 에어로졸로 구분하고, 구분된 자료를 바탕으로 질량농도를 고도별로 산출하여 지상관측자료와의 비교 검증을 통해 상층으로 장거리 수송되는 미세먼지의 양을 산출하는 것이 필요하다. 향후 이러한 종합적이고 다차원적인 연구에 많은 연구 투자가 이루어져야 할 것으로 생각된다.

미세먼지 및 전구물질 원격 측정기술

현재 사용되고 있는 단일 항목(point) 측정과 같은 고전적 측정방법으로는 실시간 다차원 측정 정보 요구를 충족시키지 못하고 있다. 이러한 한계를 극복할 대체기술로서 광 투과방식 분광분석 기술이 차세대 첨단 측정기술로 널리 활용되고 있다. DOAS(Differential Optical Absorption Spectroscopy, 분광기 기술은 여러 오염물질의 공간적 농도분포를 실시간으로 동시에 원격측정할 수 있는 광 투과방식 분광 측정 분석 기술이다.

독일 하이델베르크 대학의 Platt 교수 연구실(Platt, 1994)에서 처음 개발된 이후 DOAS 측정 분석 기술은 계속 진화하여 현재는 지상, 항공, 선박, 위성 등 다양한 플랫폼의 미세먼지 및 미량기체 측정을 위한 관측에 널리 활용되고 있다(Platt and Stutz, 2008). 국외에서는 Univ. of Heidelberg를 중심으로 Univ. of Bremen, Leibniz Institute for Tropospheric Research(IfT), Max Planck Institute for Chemistry, UCLA, Univ. of Colorado, Univ of Leicester, BIRA-IASB, KNMI, JAMSTEC, Chiba Univ, AIOFM 등에서 활용되고 있으며, 국내에서는 광주과학기술원(GIST) 환경모니터링신기술연구센터에서 수행하고 있다〈그림 68〉. 최근에는 제8차 국제 DOAS workshop이 2017년 9월 일본(https://ebcrpa.jamstec.go.jp/doasws2017/index.html)에서 개최되었다.

DOAS 분석방법은 Lambert beer의 법칙을 바탕으로 고유파장 영역에 차등흡수되는 가스들의 정보를 바탕으로 한다. 〈그림 69〉는 DOAS로 측정 가능한 가스들의 파장별 흡수 단면적으로 보여준다.

DOAS로는 미세먼지뿐만 아니라 전구물질인 SO_2, NO_2, HCHO와 오존 등의 측정도 가능하다. 〈그림 70〉은 각각 관측하고자 하는 파장 영역에 따른 분

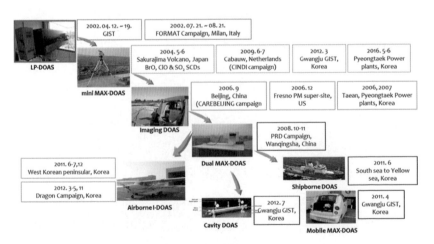

그림 68. **광주과학기술원(GIST)에서 DOAS 개발 현황**

석 피팅 스펙트럼이다. 왼쪽에서부터 O_4(Wagner et al., 2004), SO_2(Lee C. et al., 2008), NO_2(Lee H. et al., 2011a)이며 각각 335~365 nm, 303.5~316 nm, 390~417.5 nm 파장 영역을 보여준다.

현재 다양한 형태의 DOAS가 개발되어 있으며 각각에 의해 측정할 수 있는 항목이 〈표 4〉에 나와 있다.

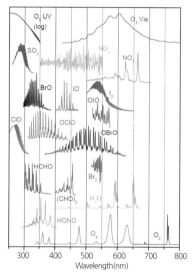

그림 69. **DOAS로 측정 가능한 물질들의 흡수 단면적의 예**(출처: https://earth.esa.int/web/sppa/documentation/galleries/uvn/overview)

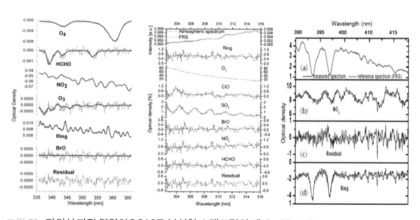

그림 70. **자외선 파장 영역의 DOAS로 분석한 스펙트럼의 예: O_4, SO_2, NO_2**

표 4. DOAS 종류별 측정 가능 항목

종류	측정 가능 항목
COSPEC	NO_2, SO_2, I_2
LP-DOAS	BTX, HONO, NO_2, SO_2, NO, O_3
MAX-DOAS	BrO, NO_2, SO_2, IO, HCHO, aerosol
ToTAL-DOAS	NO_2, SO_2, O_4
Imaging DOAS	NO_2, SO_2, BrO, aerosol
CE-DOAS	NO_2, BrO, HONO, HCHO, O_3, aerosol

1) MAX-DOAS

DOAS 기술(Platt, 1994)은 대기 중의 미량기체와 에어로졸을 측정할 수 있는 원격측정기술의 하나이다. 광원에 따라 인위적 광원(예, 제논램프)을 사용하는 능동형 시스템과 자연광(예, 태양산란광, 달빛)을 사용하는 수동형 시스템으로 구분될 수 있다. 수동형 대기오염 측정기기인 MAX-DOAS(Multi-Axis DOAS)는 광원으로써 태양산란광을 이용하고, 여러 개의 망원경이나 스테퍼 모터를 이용하여 다양한 기기 고도각(elevation angles)에서 태양산란광을 측정한다(Hoenninger et al., 2004, Lee C. et al, 2005). 〈그림 71 참조〉

다양한 고도각에서 측정할 수 있는 점은 대기 중 오염물질의 공간적 분포

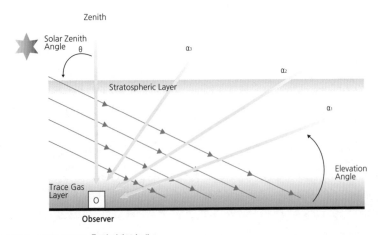

그림 71. MAX-DOAS 측정기술의 예

를 파악하는 데 도움을 주고 대기화학을 규명하는 데 중요한 데이터를 제공한다. 지상형 MAX–DOAS 시스템은 대류권 내의 미량기체에 대한 민감도가 높으며 복사전달모델(Radiative transfer model)을 이용하여 미량기체 농도 수직분포를 얻을 수 있다. MAX–DOAS로는 미세먼지뿐만 아니라 전구물질인 SO_2, NO_2, 포름알데하이드 등의 대기 중 미량오염기체의 연직 농도분포도 측정할 수 있다.

(1) 미세먼지 농도 및 연직분포

MAX–DOAS로 대기 중 미세먼지 양을 측정하는 것은 O_4 측정을 통해 이루어진다. O_4는 오염물질과 달리 대기압의 함수로 일정하게 분포되어 있다. MAX–DOAS를 이용하여 UV 영역의 O_4 흡수파장에서 농도를 구하면 빛의 평균 광경로에 비례한다. 대기 중에 미세먼지가 존재하면 빛을 산란시켜 MAX–DOAS 수신계에 도달하는 빛의 경로를 증가시킨다(O_4 흡수가 늘어난다). 〈그림 72 참조〉에어로졸의 양이 적은 대기상태의 경우는 이와 반대로 MAX–DOAS의 흡수 광경로 길이가 증가하게 되므로 O_4의 광경로 칼럼 농도(SCD, slant column density)는 감소하게 된다(Wagner et al., 2004).

복사전달 모델로 에어로졸의 이러한 관계가 반영된 에어로졸의 고도분포에 따른 대기질량인자(AMF, air mass factor) 계산이 가능하다. 측정된 O_4 SCD는 에어로졸의 영향으로 인한 광경로 정보를 포함하고 있으며 O_4의

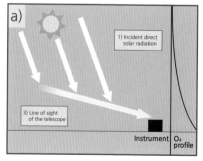
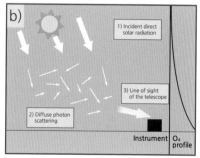

그림 72. **MAX-DOAS를 이용한 미세먼지 측정 원리**(출처: Wagner et al., 2004)

수직 칼럼농도(VCD, vertical coluumn density)를 이용하여 측정된 O_4의 AMF(AMF=SCD/VCD)를 산출할 수 있다. 측정된 O_4 AMF와 다양한 에어로졸 수직분포에 각각 해당하는 AMF가 일치할 때 해당하는 에어로졸의 수직분포를 획득할 수 있다〈그림 73〉.

〈그림 74〉는 MAX-DOAS로 측정된 에어로졸 연직분포와 예상된 에어로졸 프로파일을 시나리오화하여 복사전달모델로 구한 O_4의 AMF를 비교를 보여주고 있다(Lee H. et al., 2009). MAX-DOAS로 관측된 에어로졸 소멸계수와 전통적인 LIDAR로 관측된 결과와의 비교가 〈그림 75〉에 나와 있다.

LIDAR는 지표면 가까이에서는 광신호 중복 문제 때문에 일정 고도 이상의 자료만 유효하다. MAX-DOAS는 신호세기의 제한 때문에 높은 고도 측정은 불가능하나 지표면 낮은 고도에서의 측정에는 적합하다. 미세먼지의 연직분포 측정은 지표면 인근이 중요하기 때문에 LIDAR와 MAX-DOAS를 통합하면 상호보완적 관측이 가능해진다.

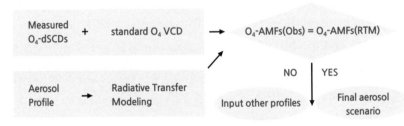

그림 73. O_4 스펙트럼을 이용한 에어로졸 프로파일 산출 순서도

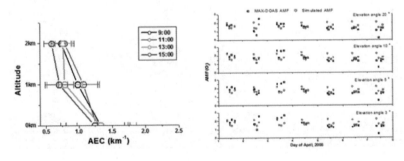

그림 74. MAX-DOAS 에어로졸 수직 분포(좌) 및 O_4 AMF(우)(출처: Lee H. et al., 2009)

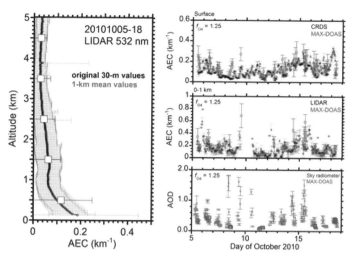

그림 75. LIDAR와 MAX-DOAS로 관측된 에어로졸 소멸계수 비교(출처: Irie et al., 2015)

(2) 미세먼지 전구물질(SO₂, NO₂, HCHO) 측정

에어로졸 측정을 위한 O_4의 측정과 유사하게 NO_2와 SO_2의 흡수 단면적을 이용하여, 흡수되는 파장 영역의 차등흡수스펙트럼 분석을 통해 1차적으로 SCD(Slant Column Density, 경사컬럼농도)를 측정할 수 있다. DOAS의 또

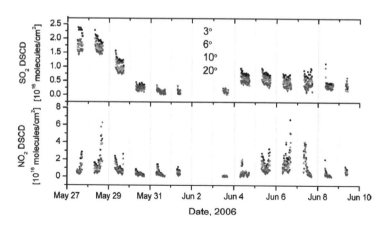

그림 76. 4개의 다른 기기고도각에서 MAX-DOAS로 측정한 SO₂, NO₂의 차등경사컬럼농도 (DSCD)(출처: Lee C. et al., 2008)

하나의 장점은 어떠한 보정(calibration) 없이도 측정이 가능하며, 간단한 구성요소(관측부, 스펙트로그래프, 데이터 운영부)로 이루어져 있다는 것이다. 〈그림 76〉은 MAX-DOAS로 안면도 측정소에서 측정한 NO_2와 SO_2의 차등경사컬럼농도의 예를 보여주고 있다(Lee C. et al., 2008).

〈그림 77〉은 평택 화력발전소의 굴뚝을 바라보며 MAX-DOAS로 NO_2와 SO_2를 측정하는 모습을 보여주고 있다. 2016년 6월 평택화력발전소 인접 지역에서 지상 측정망과 MAX-DOAS로 측정한 NO_2와 SO_2의 측정결과를 비교해보면 전반적으로 관측기간의 지상관측 값과 DOAS 관측 값이 유사함을

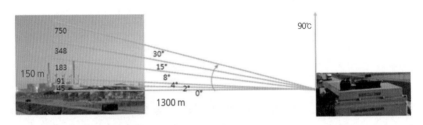

그림 77. MAX-DOAS 관측을 통한 평택화력발전소 측정 도식도

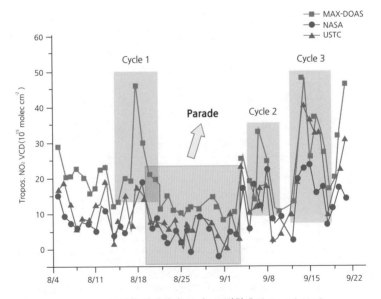

그림 78. 2015년 중국 전승절 전후 베이징의 NO_2 농도 변화(출처: Liu et al., 2016)

보이고 있으며, 화력발전소 인근 평택항은 다소 높은 관측값을 보이고 있다.

〈그림 78〉은 2105년 중국 전승절을 전후하여 MAX-DOAS로 측정한 NO_2 와 NASA OMI 위성의 결과를 보여주고 있다(Liu et al., 2016). 전승절 퍼레이드 기간 동안 베이징의 NO_2 농도가 43% 감소한 것을 알 수 있다.

Azimuth MAX-DOAS는 MAX-DOAS 4대를 동서남북 방향으로 묶어서 넓은 지역의 오염물질에 대해 3차원 측정이 가능하다. 〈그림 79〉는 2013년 독일 마인츠에서 진행한 MADCAT 캠페인(http://uv-vis.aeronomie.be/news/20130806/)에 설치된 전방위각을 바라보는 Azimuth MAX-DOAS의 모습과 에어로졸과 이산화질소 관측의 예이다.

〈표 5〉에서 보여주듯이 MAX-DOAS로는 O_4 측정을 통한 에어로졸 소멸계

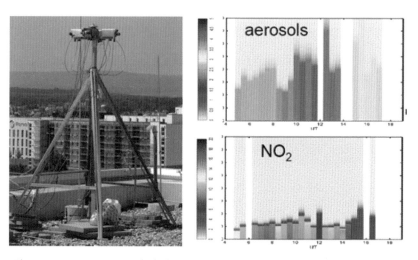

그림 79. **Azimuth MAX-DOAS(좌)와 에어로졸과 이산화질소 관측의 예(우)**(출처: Wagner et al., 2016)

표 5. **MAX-DOAS로 측정 가능한 물질**

측정 물질	파장범위(nm)	측정오차(%)	피팅 간섭 물질
O_4(에어로졸 소멸계수)	436~457	< 30	O_3, NO_2, H_2O, ring, FRS
NO_2	460~490	15	O_3, H_2O, O_4, ring, FRS
SO_2	310~320	25	O_3, NO_2, HCHO, ring, FRS
HCHO	336~359	25	O_3, NO_2, HCHO, BrO, O_4, ring, FRS
O_3	310~335	25	NO_2, HCHO, SO_2, ring, FRS

수, NO_2, SO_2, HCHO, O_3 등의 미량기체 원격측정이 가능하다.

MAX-DOAS는 구성이 비교적 간단하고, 저가로 제작이 가능할 뿐 아니라 분석기술 개발을 통해 여러 형태로 측정할 수 있으며, 여러 물질을 동시에 준실시간 원격측정이 가능한 장점이 있다. 현재 분광기 기술 발전을 통해 MAX-DOAS의 소형화 연구가 진행 중이다.

2) 이미징 DOAS

MAX-DOAS는 직선 경로의 측정을 고도각을 스캔하면서 연직분포 측정을 하는 것이다. 이미징 DOAS(Imaging DOAS, I-DOAS)는 array 검출기를 사용하여 오염물질 분포의 2차원 측정이 가능하다. 그 측정원리가 〈그림 80〉에 나와 있다(Bobrowski et al., 2006).

스테핑 모터의 스캐닝을 통하여 미리 지정한 각도를 바라보며 스캔하여 해당 지역에 대한 연속적인 모니터링이 가능하다. 실질적으로 가스, 에어로졸, 대기분자 등에 의해 흡수 혹은 산란된 태양산란광이 대기를 공간적으로 가로 및 세로로 스캔할 수 있는 스캐닝 미러에 도달하고, 슬릿을 통과한 빛은 분광기 내부의 집광 거울에 의해 그레이팅에 도달한다. 그레이팅은 입사된 빛을 파장별로 분해하여 집광 거울로 빛을 반사시킨다. 이러한 CCD 검출기 matrix는 가로는 파장, 세로는 공간을 나타내는 정보를 보여준다. 스캐닝 거울은 가

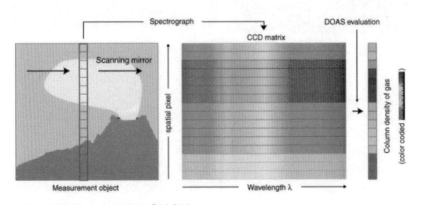

그림 80. 이미징(Imaging) DOAS 측정 원리

로 방향으로만 연속적으로 스캔한 후 각 칼럼을 합치면 가스의 경사컬럼농도 (SCD)의 2차원 공간 분포를 확인할 수 있게 해준다.

(1) 지상관측

〈그림 81〉은 I-DOAS를 사용하여 평택화력발전소에서 배출되는 SO_2에 대한 아침부터 오후까지의 매시간 관측 결과이다(Chong et al., 2016). 굴뚝에서 나오는 연기의 지름을 바탕으로 측정한 SO_2의 경사컬럼농도를 혼합비로 전환하였다. 4.15×1017 molecules/cm^2의 SO_2 경사컬럼농도일 때의 최대 혼합비는 28.1 ppm으로 계산되었다. 그리고 굴뚝의 지름(6.5 m)과 배출속도(10 m/s 가정)를 이용하여 우측에서 세 번째 굴뚝에서 나오는 배출률은 22.5 g/s로 계산되었다.

I-DOAS는 넓은 지역의 에어로졸, 미량기체 농도 분포 원격측정뿐만 아니라 발전소와 같은 대형 점오염원의 배출량도 원격으로 측정할 수 있다. 이것은 위성관측 및 모델링 결과의 검증에도 활용될 수 있는 첨단 측정기술이다.

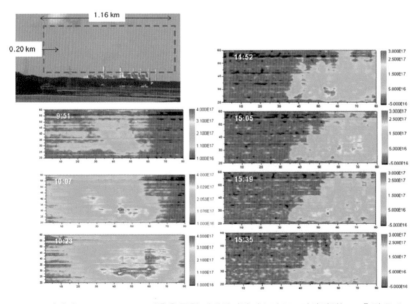

그림 81. 이미징(Imaging) DOAS 관측을 통한 평택화력발전소의 SO_2 경사컬럼농도 측정(출처: Chong et al., 2016)

(2) 항공관측

넓은 지역의 대기환경을 모니터링하기 위해 환경위성이 활용되고 있다. 그러나 위성의 경우 전 지구적 규모를 스캔할 수 있는 장점이 있는 반면 측정된 데이터의 공간적 시간적 분해능 및 측정된 지역의 대기환경에 따른 분석 오차가 크다는 단점이 있다. 이러한 위성 데이터의 검증 및 데이터의 정확성 향상을 위해서는 지상 및 항공관측이 필수적이다. 미국, 유럽을 포함한 주요 선진국들은 최근 위성과 같이 원격측정 방식으로 광범위한 지역을 측정할 수 있는 Airborne MAX-DOAS(AMAX-DOAS) 및 Airborne Imaging DOAS의 개발과 이를 이용한 항공 원격 측정연구를 의욕적으로 진행하고 있다〈그림 82〉. (출처: Schönhardt et al., 2015)

실지(in-situ) 측정 장비들과 AMAX-DOAS를 항공기에 탑재하여 미량 기체 분포를 정량 조사할 수 있으며, 항공기 관측으로 지상관측에서 측정할 수 없는 주요 대류권 미량기체들인 NO_2, SO_2, HCHO의 수직컬럼농도(VCD, vertical column density)를 비교적 정확히 측정하여 위성자료와 비교 분석연구를 통한 검증을 수행할 수 있다. 지상관측의 경우 지표면에 한정된 측정으로 인하여 대류권 내에 대기오염물질들의 기여도를 정확히 파악할 수 없으며, 위성관측의 경우 넓은 지역을 하나의 위성으로 측정함으로써 측정된 SCD를 AMF(air mass factor)를 이용하여 수직컬럼농도합(VCD)을 계산하는 과정에서 분석 시 꽤 큰 오차를 가지게 된다. 이러한 오차를 AMAX-DOAS 항공관

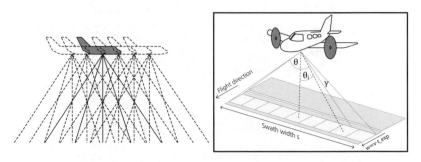

그림 82. **AMAX-DOAS(좌), Airborne Imaging DOAS(우)의 관측 모습**

측을 통해 제공되는 데이터로 검증 및 정확성 향상을 기할 수 있다.

〈그림 83〉은 항공용 DOAS가 항공기 하부에 탑재되어 관측할 수 있는 모습을 보여주고 있다. 측정고도와 DOAS의 시계(field of view) 크기에 따라 측정 대상 지역에서 대략 2 km 상공까지 1 km×1 km의 공간 분해능으로 NO_2, SO_2, HCHO 등의 수직컬럼농도 측정이 가능하다.

〈그림 84〉는 OMI 위성의 NO_2 관측값 지도 위에 항공Imaging DOAS로 측정한 NO_2의 값을 보여주고 있다. OMI 위성의 관측자료는 광범위한 지역의 평균값을 보여주는 반면, 항공Imaging DOAS는 높은 공간 분해능으로 위성 픽셀 내에서 NO_2의 농도분포를 보여주고 있다. 항공 I-DOAS는 현재 및 미래의 위성관측 검증, 대형 오염원 배출모니터링, 넓은 지역 오염 분포 측정, 모델링 결과 검증 등에 다양하게 활용될 수 있다.

3) MAX-DOAS 네트워크

현재 동북아시아 지역에는 일본 JAMSTEC에서 2006년부터 운영하는

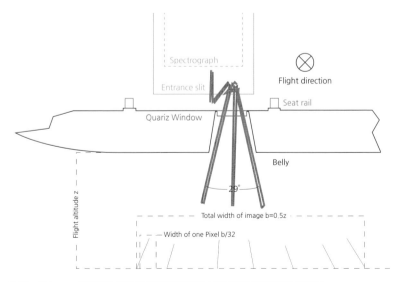

그림 83. Airborne DOAS를 활용한 대기미량기체 분포 항공 원격 관측 개념도

MAX-DOAS 네트워크가 있다〈그림 85〉. 현재 동북아시아 지역에 5개, 러시아에 2개의 관측지점이 있다. 측정하고 있는 항목은 NO_2와 에어로졸로 장기간에 걸쳐 수집된 데이터가 축적되어 있다.

〈그림 86〉은 MAX-DOAS로 관측된 10년간의 지역별 NO_2 농도 변화 추이

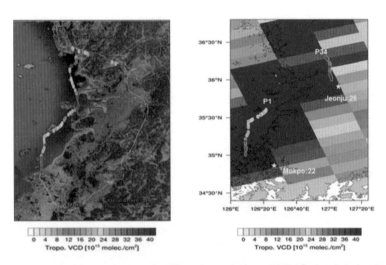

그림 84. **Airborne Imaging DOAS로 측정한 NO_2 농도(좌)와 OMI 위성관측자료와의 비교(우),** 하얀색 별 표시는 지상관측소(출처: Chong, 2016)

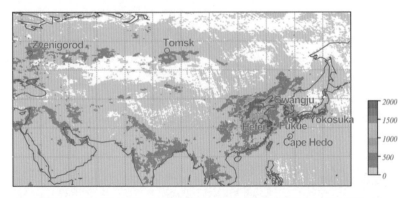

그림 85. **동북아시아 지역의 MAX-DOAS 네트워크(배경그림은 대류권 NO_2 수직컬럼농도)**
(출처: Kanaya et al., 2014)

다(Kanaya et al., 2017). 최곳값은 Heifei 지역으로~5×10^{16} molecules/cm^{2}이며, 최솟값은 Cape Hedo 지역으로 3×10^{14}~5×10^{15} molecules/cm^{2}을 보인다. 전반적으로 도심지역의 NO$_2$의 농도는 여름에 낮고 겨울에 높은 계절적 변화를 보이고 있다.

중국의 경우는 MAX-DOAS를 자체 제작하여 여러 연구기관이 북경, 허페이, 상하이, 우시, 상허 현 등 여러 곳에서 미량기체(NO$_2$, SO$_2$, O$_3$, HONO) 및 에어로졸 측정을 수행하고 있다.

2019년에는 한국이 UV-Visible 스펙트로미터인 GEMS(Geostationary Environmental Monitoring Spectrometer)가 탑재된 정지궤도 위성을 발사하여 동아시아 지역 대기환경을 지속적으로 모니터링할 계획이다. DOAS 원리에 기반을 둔 위성자료 분석 알고리즘도 개발된 상태이다. 이러한 위성자료 분석 결과를 검증하기 위해서도 GEMS 관측 영역 전체를 포함하는 GEMS MAX-DOAS 네트워크의 확장이 요구된다. 또한 MAX-DOAS 관측 결과는 미세먼지 예보를 위한 모델링 결과 검증 및 개선에도 필수적으로 요구된다.

대기환경 항공관측기술

대기오염은 3차원 현상이기 때문에 지상에서의 관측만으로는 진단 및 과학적 이해를 하기에 부족하다. 선진국에서는 일찍이 항공관측기술을 발전시켜

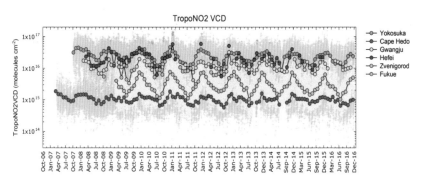

그림 86. 동북아시아 지역 MAX-DOAS 네트워크 NO$_2$ 수직컬럼농도 변화
(출처: Kanaya et al., 2017)

현상 진단, 모델링 검증, 위성관측 검증 등에 활용하고 있다.

1) 국내 현황

국내 대기오염 항공관측기술은 매우 미흡한 수준에 머무르고 있다. 2002년 ACE-Asia 기간 동안 미국 NCAR DC-8 항공기가 제주도 인근 지역에서 대기측정을 처음으로 수행하였다. 2009년 3~4월 동경대(PS2, CPC, CAPS 탑재)와 광주과학기술원(airborne PILS 탑재)이 협력하여 일본 Super King Air 민간기로 서해 상공에서 대기관측을 실시하였고 국립환경과학원에서는 1997년부터 항공관측을 해오고 있다. 최근에 한서대에 도입된 King Air 항공기가 대기관측을 위한 개조를 거쳐 항공관측에 활용되기 시작하였다. 2016년 한미 공동 측정 캠페인 KORUS-AQ에는 3대의 항공기; 한서대 King Air, NASA 의 DC-8과 B-200 King Air(https://espo.nasa.gov/missions/korus-aq/mission-gallery)가 참여하였다. 다음은 이 캠페인에 활용된 항공기 사진〈그림 87〉과 제원〈표 6〉이다.

그림 87. 한서대학교 King Air HL5200과 NASA DC-8 항공기

표 6. KORUS-AQ 캠페인에 활용된 항공기 주요 제원

	최대항속시간	최대항속거리	최대고도	최대적재중량
한서대 King Air	6시간	2,300 km	9.1 km	1,490 kg
NASA DC-8	12시간	10,000 km	12.5 km	13,600 kg
NASA B-200 King Air	6시간	2,300 km	9.5 km	1,860 kg

KORUS-AQ 항공관측 목적은 크게 6가지로

① 한반도 배경농도(Regional baseline air quality) 정의 및 산정

② 한반도 서해안과 내륙의 대기오염물질 연직분포 측정을 통한 배경농도 파악

③ 국외 유입 대기오염물질의 특성 및 주요성분 파악

④ 한반도 전역의 오존농도 분포 및 수도권 상공 대기화학반응 규명

⑤ 한반도 서해안 대형 배출원(발전시설)의 배출추적과 영향 파악

⑥ 항공기 탑재 환경위성 센서를 통한 정지궤도 환경위성 알고리즘 검증이다.

KORUS-AQ 항공관측은 2016년 5월 1일부터 6월 12일까지의 기간 동안 총 34회 이루어졌다. 측정 항목과 장비가 〈표 7, 8〉에 나와 있다.

KORUS-AQ 기간 동안 NASA King Air에는 GeoTASO라는 원격 분광기 〈표 9〉를 탑재하여 대기 미량기체 관측을 실시하였다. 그리고 현재 정지궤도 환경위성 자료 검증을 위한 목적의 GeoTASO도 개발되어 테스트 중이다. 이 것은 일종의 Imaging DOAS로서 2-D CCD array 검출기로 9 m×50 m의 pixel size로 8.7 km×4.6 km 2차원 농도 분포를 관측할 수 있다.

기상청에서는 2017년 다목적 기상항공기, King Air 350HW를 도입하였다. 이 항공기는 크게 3가지 ① 황사, 집중호우, 태풍, 대설 등 계절별 위험기상 선행 관측과 해상, 산악 지역 등에 대한 관측 공백 최소화 ② 대기오염 물질

표 7. 국립환경과학원(한서대 King Air 항공기) 항공측정항목 및 장비

구분	측정항목	측정장비
가스상 전구물질	O_3	UV Photometric
	NO_2,	CAPS
	CO	NDIR(Fast-Response)
	HCHO	LIF
	VOC	Carbon Trap & GC/MS
	SO_2	Chemiluminescence,
	CH_4, N_2O	LYCOS
미세먼지 수농도	Aerosol numberconcentration	UHSAS

표 8. NASA DC-8 항공기에 탑재된 측정항목 및 장비

구분	측정항목	측정장비
국내 연구진	Biogenic VOCs	PTR-ToF/MS
	Refractory BC mass	SP2
	Reactive Nitrogen, Halogens, SO_2(CIMS)	CIMS
	Concentration of CCN	CCN
	HCHO, HONO, NO_2	CEAS
	Submicron aerosol mass concentrations: Organic aerosol(OA), SO_4, NO_3, NH_4	AMS
NASA 연구진	Vertical Ozone	DIAL/HSRL
	chemical evolution in plumes	CIMS
	HCHO, Ethane	CAMS
	nitric acid, submicron aerosol	Mist Chamber/Ion Chromatograph
	NO_2	TD-LIF
	OH,HO_2, and OH reactivity	ATHOS
	VOCs & Trace gas	WAS(Canister-GC/MS)
	CO,CH_4,N_2O,H_2O(v)	DACOM & DLH
	Vertical Observations of CO_2	AVOCET
	PAN	CIMS
	Total, Nonvolatile, Ultrafine CN	CCN, Particle counter, Nephelometer
	Actinic Flux	CAFS
	Humidified Refractory BC mass	HD-SP2
	NO, NO_2, NOy, O_3	CEAS
	NMHCs, OVOCs	PTR-ToF-MS
	NO_2, O_3 profile	4STAR
	Submicron aerosol mass concentrations and it's evolution	AMS, OFR
	RO radical, ROO radical	CIMS

표 9. B-200에 탑재된 GeoTASO의 측정 항목(출처: Nowlan et al., 2016)

파장 영역	UV	VIS
측정 물질	O_3, SO_2, HCHO	NO_2
파장 범위	290~400 nm	415~695 nm

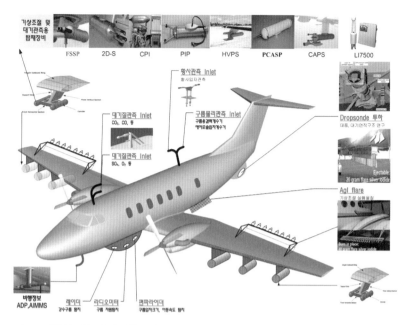

그림 88. **기상청 다목적 기상 항공기**(출처: 기상청 보도자료 20120309 다목적 기상항공기 도입)

및 온실가스 등 대기 상층에서의 환경기상 감시와 방사능 탐측 ③ 인공증우·
증설, 안개소산 등 기상조절 실험기술 개발 등에 활용될 계획이다. 〈그림 88〉
과 〈표 10〉에 탑재 예정 측정 장비가 나와 있다. 국내에서는 처음으로 비행기
날개 밑에 대기입자 실시간 측정 장비가 부착되어 입자 농도 및 크기분포를
측정할 수 있게 될 것이다.

국내에서 활용하는 King Air 종류의 항공기는 8~10인승으로 제작된 소형
항공기로서 적재 중량의 제한 때문에 관측 조사연구에 제한을 받는다. 각종
첨단 장비를 탑재하고 대기입자 2차 생성 등 대기화학 프로세스를 실시간으
로 측정하는 하늘을 나는 실험실 개념에는 외국에서 활용하는 DC-8, C-130,
P-3 같은 중형항공기가 필수적으로 요구된다.

2) 외국 현황

미국립대기과학연구소(NCAR, National Center for Atmospheric Research)   **115**

표 10. 다목적 기상 항공기 탑재 측정 장비 및 주요 기능

활용용도	장비명		주요 기능(관측요소)	
기상조절 비행실험 검증 및 항법장비	Aircraft	Twinotter 기준 (최대이륙중량: 5,670 kg)	기상자원조절, 대기 및 구름관측, 검보정	
	APDS	Aircraft Power distribution System	항공탑재장비 전원 공급 및 제어	
	ADP	Air data Probe and AIMMS-20	항공기 고도, 속도, 방향, 비행체 기울기, 기온, 기압, 노점온도, 풍향, 풍속	
	ADCS	Aircraft Data Collection System	자료수집, 처리 및 전시 장치	
	Radar	Airborne radar	구름관측 및 기상자원조절 검증	
	Radiometer	Airborne Radiometer	대기 및 구름 수액량 관측	
	Lidar	Airborne Lidar	검보정, 에어로졸 입자 및 구름 관측	
	CAPS	Cloud, Aerosol, and Precipitation Spectrometer · Cloud and Aerosol Spectrometer(CAS) · Cloud Imaging Probe(CIP) · Liquid Water Content(LWC)	에어로졸 입자 크기	(0.35~50 μm)
			구름, 강수 입자 크기	(25~1,550 μm)
			구름수액량	(0.01~3 g/m³)
			강수입자 모양	
			풍속, 고도, 온도, 상대습도	
	CPI	Cloud Particle Image	구름, 강수 입자 크기	(10~2,000 μm)
			1백만 CCD 입자실사(크기, 모양)	
기상조절 실험장비	AgI flare	AgI 자동 연소탄 장착대	냉구름 및 냉안개용 살포장치	
	Hygroscopic flare	흡습성 연소탄 장착대	온구름 및 온안개용 살포장치	
기상조절 실험조건 및 구름물리 관측 장비(PMS)	2D-S	Two-Dimensional Stereo	구름, 강수 입자 크기	(10~1,200 μm)
			강수입자 모양	
	PIP	Precipitation Imaging Probe	구름, 강수 입자 크기	(100~6,200 μm)
			강수입자 모양	
	HVPS	High Volume Precipitation Spectrometer Probe	구름, 강수 입자 크기	(200~45,000 μm)
			강수입자 모양	
황사 및 대기입자 관측장비	PCAPS	Passive Cavity Aerosol Spectrometer Probe	에어로졸 입자 크기	(0.01~3.0 μm)
	FSSP	Forward Scattering Spectrometer Probe	온구름 입자 크기	(2~47 μm)

Earth Observing Laboratory 산하에 RAF(Research Aviation Facility)에서 2 대의 연구용 대기측정 항공기; C-130와 Gulfstream-V(HIAPER)를 운영하고 있다〈그림 89, 90〉. C-130은 수송기로 개발된 기종으로 9,000 kg까지의 장 비를 실을 수 있는 장점이 있다. HIAPER(High-performance Instrumented Airborne Platform for Environmental Research)는 최대고도 15.5 km로 성

그림 89. **NCAR/RAF C-130 대기측정 항공기**(출처: NCAR RAF)

그림 90. **NCAR/RAF HIAPER 대기측정 항공기**(출처: NCAR RAF)

층권까지 올라가서 대기를 측정할 수 있다. 두 비행기의 주요 제원은 〈표 11〉에 나와 있다.

NCAR은 과학재단(NSF)의 지원을 받아 운영되고 있으며 NCAR/RAF는 과학자들에게 공개된 연구인프라로서 항공기 플랫폼과 기본 측정기기를 제공한다. 개별연구자들은 연구계획서에 특수 측정기기를 포함하여 항공기 사용을 신청해서 사용한다. NCAR 비행기에 탑재된 측정기기 목록이 https://www.eol.ucar.edu/aircraft-instrumentation에 나와 있다.

영국의 대기과학연구소인 NCAS(National Centre for Atmospheric Science, https://www.ncas.ac.uk/en/)는 UK MetOfficed와 협력으로 산하에 FAAM(Facility for Airborne Atmospheric Measurements, http://www.faam.ac.uk/)을 두고 대기관측용 중형항공기 BAe-146을 운영하고 있다.

EUFAR(European Facility for Airborne Research, http://www.eufar.net/)는 EU FP7(Framework Programme 7)의 일환으로 EU 회원국의 24개 연구기관이 참여한 연구 공동체로, 19대의 대기관측 항공기(http://www.eufar.net/aircrafts/list-matrix)가 운영되고 있다.

대기환경 위성관측기술

1) 위성관측의 필요성

한반도는 지리적으로 중국대륙의 풍하 측에 위치하고 있어 인접국가로부터 발생된 고농도의 장거리 수송 초미세먼지 현상이 해마다 빈번히 발생한다. 테라(Terra) 위성의 MODIS(MODerate resolution Imaging Spectrometer) 센서로 분석된 연평균 에어로졸 광학적 두께(AOT, Aerosol Optical Thickness) 값을 보면 한반도 미세먼지의 총량은 증가하는 추세로 판단된다〈그림 91 참조〉.

표 11. **NCAR/RAF 연구용 항공기 주요 제원**

종류	최대항속시간	최대항속거리	최대고도	최대적재중량
C-130	10시간	5,740 km	7.8 km	9,000 kg
HIAPER	10시간	8,330 km	15.5 km	3,765 kg

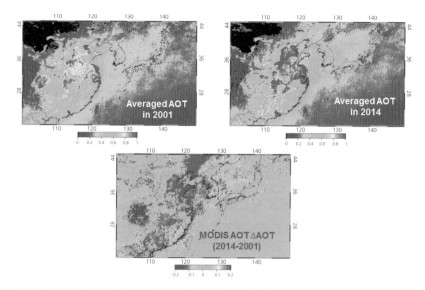

그림 91. 테라(Terra) 위성의 MODIS 센서로 분석된 2001년 연평균 AOT(a), 2014년 연평균 AOT(b), 2014년 AOT에서 2001년에 AOD의 차(c)(출처: 이권호, personal communication)

2001년 연평균 AOT 농도(a)에 비해 2014년 AOT 농도(b)가 크게 증가하였고 중국에서부터 동해지역까지 AOT 농도가 모든 지역에서 증가하였다. 2014년 평균 AOT에서 2001년에 연평균 AOT의 차(c)는 중국 동부지역에서 주로 증가하는 것으로 나타났다.

미세먼지 지상관측망은 관측값의 정확도가 높아 신뢰성과 일관성 있는 자

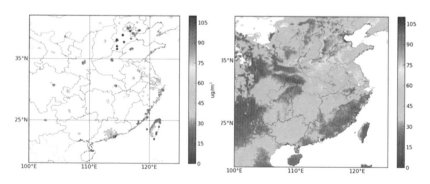

그림 92. 지상 측정망 자료의 $PM_{2.5}$ 농도 분포(우)와 위성자료로 산출한 $PM_{2.5}$ 농도(좌)(출처: Lin et al., 2015)

료를 확보할 수 있다는 장점이 있다. 그러한 점(point) 모니터링 방식은 넓은 지역을 관측하기 위해서는 다수의 관측소가 설립되어야 하며 막대한 예산이 소요된다. 이를 극복하기 위해 전 지구를 관측하는 극궤도 위성을 이용하거나 GOCI/COMS(Lee et al., 2010)와 같은 정지궤도위성을 활용하면 광범위한 영역의 연속적 관측이 가능하므로 오염물질의 배출과 이동양상을 파악하는데 효과적이다〈그림 92〉. 또한 그동안 문제점으로 지적되어 왔던 공간해상도와 정확도 문제가 원격탐사기술의 획기적 발달과 함께 급진적으로 향상됨에 따라 위성자료 활용방안이 활발히 연구되고 있다. 〈그림 93〉은 인공위성자료를 이용한 미세먼지 모니터링 분석의 단계이다. 보통 위성자료 분석을 통해 얻은 AOT(AOD)를 PM 농도로 전환하는 방법이 사용된다.

2) 인공위성을 이용한 대기 에어로졸 광학적 두께(AOD) 산정

최근의 인공위성을 이용한 원격탐사 기법의 발전으로 대기 에어로졸의 광학특성(에어로졸 광학두께, 단산란계수 등)을 비교적 정확하게 탐지해낼 수 있게 되었다. 소형과학위성에서부터 지구관측위성에 이르는 다양한 위성관측

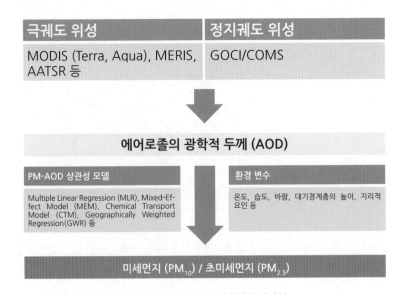

그림 93. 인공위성자료를 이용한 미세먼지 및 초미세먼지 분석과정

자료를 활동하여 에어로졸 탐지 및 분석을 하고 있으며, 관측자료를 이용한 에어로졸의 특성 분석 및 지역 대기 질 평가를 위한 응용 연구도 가능해졌다.

미세먼지 위성관측은 대표적으로 NASA의 Aqua와 Terra 극궤도 위성에 탑재된 MODIS로부터 확보한 자료를 주로 이용하고 있다. Terra-MODIS는 오전 10시 30분, Aqua-MODIS는 오후 1시 30분에 적도를 통과하면서 1~2일 주기를 가지고 지구를 관측하게 되는데, 대기 에어로졸의 측정은, 위성 센서로 관측되는 신호에서 대기가스 및 지표에 의한 영향을 제거하여 에어로졸만의 신호를 구별하는 것이다. MODIS는 7개의 채널(470, 550, 660, 870, 1200, 1600, 2100 nm)을 이용하여 에어로졸의 광학적 특성을 측정, 산출한다 (Chu et al., 2003). 대기 칼럼에 존재하는 입자의 총량을 나타내는 AOD 산출에 있어서도 지상관측, 위성관측 및 모델링 등의 다양한 방법을 사용할 수 있는데, 지상관측의 대표적인 방법으로는 NASA에서 주관하는 AERONET

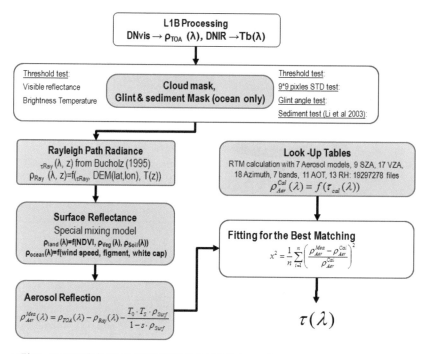

그림 94. **GSTAR 에어로졸 분석 알고리즘 흐름도**(출처: Lee and Kim, 2010)

이 있다. 한반도 AERONET 측정지점은 서울대학교, 안면도, 광주과학기술원 (GIST), 제주 고산, 연세대, 강릉대, 등에서 340, 389, 500, 670, 870, 1020 nm의 파장대에서 에어로졸의 물리, 광학적 특성을 산출한다.

광주과학기술원(GIST)에서는 MODIS 위성 영상 자료를 이용하여 한반도 의 대기 에어로졸을 정량적으로 산출하고자 브레멘 대학의 BARE(Bremen Aerosol Retrieval) 알고리즘을 개선한 M-BARE(Modified Bremen Aerosol Retrieval) 알고리즘을 개발하였다(Lee et al., 2007). 그 후 GSTAR(GIST Aerosol Retrieval) 알고리즘을 독자적으로 개발하였다(Lee and Kim, 2010). 〈그림 94〉는 GSTAR 알고리즘의 흐름도를 보여주고 있다. 지표면 반사도는 지상과 해양을 고려하였고, 7가지 OPAC 대기 에어로졸(Hess et al., 1998) 모델에 대해 대기복사모델(RTM)을 사용하여 계산한 LUT(Look-up table)과 비교하여 에어로졸 총량을 산출하여 정확도를 향상시켰다.

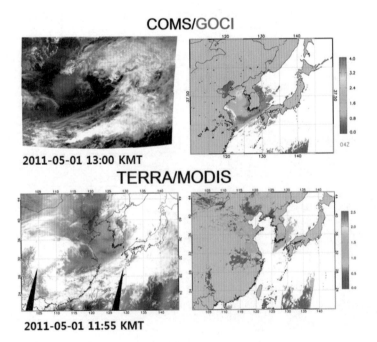

그림 95. **GSTAR로 분석한 GOCI AOD와 MODIS AOD**(출처: 김관철, personal communication)

〈그림 95〉는 GSTAR로 분석한 2011년 5월 1일의 동북아지역 COMS/ GOCI(Geostationary Ocean Color Imager) AOD와 같은 날의 Terra/ MODIS AOD의 값이다. 극심한 황사가 발생하여 중국에서부터 서해로 이동해오고 있음을 보였고 AOD값이 3.0이 넘는 황사가 중국에서부터 서해로 이동해오고 있음을 보여주고 있다. GOCI의 경우 서해안에 태양빛이 해수면에 반사되는 현상으로 MODIS로는 분석이 되지 않는 지역의 AOD까지 분석이 가능하였다. 또한 MODIS, MISR, SeaWiFS 등과 같은 극궤도위성의 센서는 하루 한 번 대상지역을 지나가기 때문에 연속적인 관측이 불가능한 반면, 정지궤도 위성(GOCI, GEMS 등)은 동일지역 위를 지속적으로 모니터링한다. 중국에서 한반도로 이동해오는 황사나 미세먼지를 관찰하며 해가 떠 있는 9시부터 17시까지 총 8회에 걸쳐 관측할 수 있어 활용도가 높다.

앞에서 언급된 MOSIS, GOCI 등은 제한된 개수의 스펙트럼 밴드 채널의 신호를 측정한다. UV~Visible 영역의 고분해능 연속 스펙트럼을 측정할 수 있는 분광기를 정지궤도위성에 올릴 계획이다. 한국은 GEMS, 미국 NASA는 TEMPO, 유럽 ESA는 Sentinel 4 정지궤도위성을 2019년~2021년 사이에 발사할 계획을 추진 중이다. 위성자료를 이용한 AOD 산출 결과는 지상에서 선포토미터(Sun Photometer)로 관측한 AERONET AOD 또는 LIDAR로 관측한 에어로졸 연직분포를 적분해서 얻은 AOD와의 비교 검증을 통한 위성 AOD 산출 알고리즘을 평가하게 된다.

3) 위성자료를 활용한 에어로졸 유형 구분

앞에서 라이다 관측자료로 에어로졸 유형을 구분하는 방법을 소개하였다. 이와 비슷하게 위성자료에서 생산된 에어로졸의 광학적 특성자료를 이용하여 에어로졸 유형을 구분할 수 있다. MODIS 에어로졸 자료는 NASA(http:// ladsweb.nascom.nasa.gov/data/)에서 제공하는 Level 3 daily 에어로졸/수증기/구름 통합자료이며, 1°×1°의 공간 해상도를 갖는다. 해당 자료는 에어로졸 광학적 두께(Aerosol Optical Depth, AOD), 에어로졸의 크기 정보를 담고 있는 옹스트롬 파장지수(Angstrom Exponent, AE)와 미세모드 율(Fine Mode Fraction, FMF) 자료를 포함하고 있다. 옹스트롬의 파장 지수(α)는 물리학적으로는 두 파장에서의 AOD 비율을 파장의 비율에 대한 지수로 나타낸다. 에어로졸의 크기를 나타내는 지표로 옹스트롬 파장 지수가 0에 가까울수록 크기가 큰 에어로졸 입자를 의미하고, 크기가 작은 입자일수록 큰 지수 값을 갖는다. 미세모드 율(FMF)은 전체 에어로졸 광학깊이 중 크기가 1 µm보다 작은 미세입자의 에어로졸 광학깊이 비율을 의미한다.

에어로졸의 복사흡수성에 대한 정보는 OMI(Ozone Monitoring Instrument) 위성 센서로부터 산출된다. OMI의 Level 3 daily 에어로졸 지수(Aerosol Index, AI) 자료를 이용하여 복사흡수성을 확인할 수 있다. OMI Level 3 daily 에어로졸 지수의 경우 $1.25° \times 1.25°$의 공간 해상도를 갖는다. 에어로졸 지수 AI는 복사흡수성이 없는 황산염이나 해염의 경우 에어로졸 지수가 음수이거나 0에 가까운 값을 보이며, 복사흡수성이 있는 BC나 광물성 먼지의 경우 양의 값을 보이게 된다. 이와 같이 MODIS의 FMF/AE와 OMI의 UVAI를 통해 각각 에어로졸의 크기 정보와 복사흡수성 정보를 알 수 있으며 이를 활용하여 에어로졸의 유형을 구별할 수 있게 된다.

〈그림 96〉은 UVAI와 EAE(Extinction Angstrom Exponent) 값으로 에어로졸의 유형 구분의 예를 보여준다. UVAI와 EAE 값을 기초로 에어로졸 크기

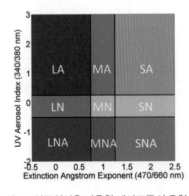
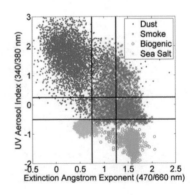

그림 96. **인공위성을 이용한 에어로졸의 유형 구분, 자료**(출처: Penning de Vries et al., 2015)

에 따라 소(S), 중(M) 및 대(L)로 분류하고 UV 파장범위 내에서 흡수되는 정도에 따라 비흡수(NA), 중성(N), 또는 흡수성(A)의 총 9가지로 에어로졸의 광학적 특성을 분류하였다(좌). EAE와 UVAI의 2차원 평면의 위치에 따라 4가지의 에어로졸(먼지, 연무, 유기물, 해염) 유형으로 분류하였다(우). 이와 같이 위성자료를 활용하여 에어로졸 유형을 구분해낼 수 있다.

4) 위성자료를 이용한 $PM_{2.5}$ 농도 산정

최근 위성관측된 반사 스펙트럼으로부터 산출한 AOD로부터 지표면 PM 농도를 산정하는 연구가 많이 수행되었다. Chu et al., 2016의 Review 논문에 의하면 2003년 이후 이 분야에 116개 논문이 발표되었다. 초기에는 AOD와 PM_{10}의 상관관계에 대한 연구가 많았으나 최근에는 $PM_{2.5}$ 산출에 더 주력하고 있음을 알 수 있다(Wang and Christopher, 2003). 광학적으로 AOD는 $PM_{2.5}$에 더 민감하기 때문에 더 좋은 결과를 얻을 수 있다. 전 지구적으로도 $PM_{2.5}$ 측정망이 아직도 많이 부족하기 때문에 위성으로 관측하는 기술 개발이 대체 수단이 될 수 있을 것이다. 〈그림 97〉은 위성 AOD에서 지표면 $PM_{2.5}$ 농도를

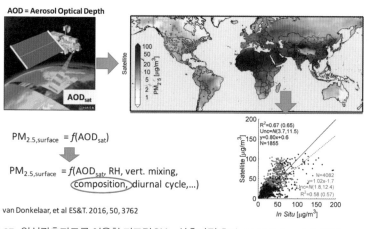

그림 97. 위성관측자료를 이용한 지표면 $PM_{2.5}$ 산출과정(출처: van Donkelaar et al., 2016)

산출하는 과정을 나타낸 것이다(van Donkelaar et al., 2016).

위성 AOD로부터 지표면의 24시간 평균 PM$_{2.5}$농도를 추정하기 위해서는 공간 및 시간적으로 변하는 상호관계를 설명하는 환산 계수가 필요하다.

$$PM_{2.5} = \eta \times AOD$$

여기에서 η는 에어로졸 크기, 에어로졸 유형, 에어로졸 혼합도, 주간 변화, 상대습도 및 에어로졸의 수직 구조 등에 영향을 받는다(van Donkelaar et al., 2016). 〈표 12〉에 AOD에서 PM$_{2.5}$ 농도의 특성 차이와 환산할 때 고려해야 할 인자들이 정리되어 있다. 위성으로부터 PM$_{2.5}$ 농도 산출의 정확도 향상은 지역 환경 특성에 맞는 η 함수를 찾아내는 데에 있다.

이때 미세먼지 흡습성장 효과와 에어로졸의 수직분포를 보정하는 것이 중요하다. 국내에서 운영되고 있는 미세먼지관측망의 측정 장비는 건조된 미세

표 12. AOD와 PM 농도 차이점

AOD	PM$_{2.5}$($\mu g/㎥$)	환산 영향 인자
대기 총량	지표면 농도	연직분포
Ambient	Dry mass	상대습도, 화학적 성분
광소멸계수	질량	화학적 성분, 크기분포

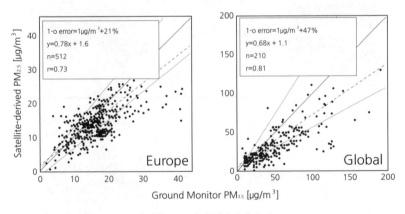

그림 98. **PM$_{2.5}$ 지표면 농도와 위성 산출 PM$_{2.5}$와의 상관관계**(출처: van Donkelaar et al., 2015)

먼지 농도를 측정한다. 하지만 광학적으로 측정된 AOD는 대기 중 습도에 의
해 에어로졸이 흡습성장한 상태이므로 반드시 보정 과정을 거쳐야 한다. 지
상 LIDAR 및 CALIOP 위성 라이다 관측자료를 사용하여 GEOS-Chem모델
로 모사한 에어로졸 수직 프로파일을 사용하여 $PM_{2.5}$ 산출 결과를 평가하였다
(van Donkelaar et al., 2015). 그 결과 위성 AOD로 $PM_{2.5}$를 산출할 때 전 지
구적 추정오차는 47%, 지역 특성을 고려하였을 때 유럽 지역은 21%, 미국 지
역은 14%로 평가되었다〈그림 98〉. 그리고 아시아 지역 중 중국은 추정오차가
51.3%(Ma et al., 2016), 한반도는 32%(Kim et al., 2016)로 평가되었다.

　국내에서는 AERONET AOD와 PM 농도 사이의 상관관계 도출과 연구
및 라이다로 관측된 에어로졸 수직 분포를 사용하여 상관관계를 높이는 연
구(Seo et al., 2015, 이권호 2014, 김관철 2016)가 수행되었으나 향후 연구
가 더 필요한 실정이다. 제주도 고산지역의 라이다 자료, 선포토미터, 위성
자료 등을 통합하고 연직분포를 가정하는 Vertical Fraction Method(VFM)
기법을 제주도 고산지역 분석에 적용하여 개선된 결과를 얻었다(Kim et al.,
2016).〈그림 99〉

　한반도의 경우 빈번하게 발생한 황사와 연무, 바이오매스 연소 등의 대기

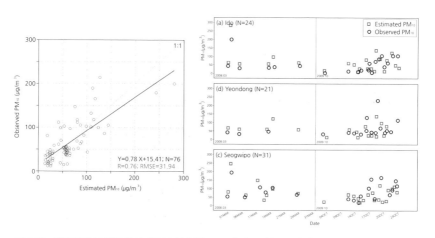

그림 99. 제주도에서 인공위성자료로 산출한 PM_{10}과 지표면 농도 사이의 상관관계(출처: Kim et
al., 2016)

환경적 영향에 의해 오차는 크게 발생할 수 있다. 이 때문에 이를 보정하여 인공위성 AOD로부터 지표면 PM$_{2.5}$ 농도로 환산하는 연구가 지속적으로 이루어져야 하며, 한반도 및 동아시역 지역 전체를 장기간 분석한 데이터 생산 역시 필요하다.

인공위성 AOD를 지표면 미세먼지 농도값으로 환산하는 다양한 분석방법이 개발되어 있다(Chu et al., 2016; Wang and Chen, 2016). 그중 대표적인 것이 MLR(Multiple Linear Regression), MEM(Mixed−Effect Model), CTM(Chemical Transport Model), GWR(Geographically Weighted Regression) 등이다.

5) 준실시간 위성관측에 의한 지표면 PM$_{2.5}$ 농도 정보 제공

IDEA(Infusing satellite Data into Environmental air quality Applications)는 NASA의 인공위성 측정 자료를 EPA와 NOAA 분석에 적용하여 대기 질 평가, 관리 및 예측을 향상시키는 NASA−EPA−NOAA 파트너십이다. IDEA는 2008년부터 NOAA 위성 애플리케이션 및 연구센터(STAR, Satellite Training and Application Research Center)에서 운영되고 있다.

IDEA는 MODIS에서 AOD를 사용하여 미국에서 일광 시간 동안 매일 지표

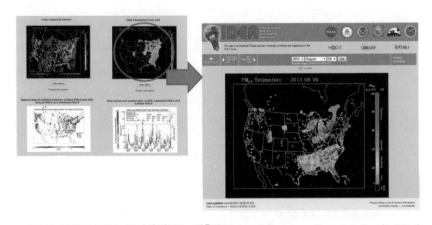

그림 100. **MODIS AOD로 분석된 일 PM$_{2.5}$ 예측**(출처: http://www.star.nesdis.noaa.gov/smcd/spb/aq/)

면 $PM_{2.5}$를 추정한다. Terra 및 Aqua 두 위성의 MODIS AOD가 있는 지역은 평균 AOD를 사용한다. $PM_{2.5}$ 농도는 모델 시뮬레이션을 통해 도출한 회귀(Regression) 관계를 통해 일일 AOD로부터 추정된다. IDEA는 사용자가 미국의 다양한 공간 지역을 선택하면, 자바 스크립트를 통해 사이트가 배포하는 자세한 정보 제공 팝업창을 열 수 있는 새 창 이미지가 표시된다〈그림 100〉.

6) 향후 방향

극궤도 위성자료를 활용하여 지표면 $PM_{2.5}$ 농도를 산정하는 기술이 발전되고 있다. 가까운 미래에 정지궤도위성이 발사되면 관측 횟수와 해상도의 증가로 새로운 연구와 활용의 장이 열리게 될 것이다. 〈표 13〉은 AOD 분석을 위한 궤도 위성들의 분광해상도(spectral resolution), 관측 범위, 스팩트럼 대역(Spectral band)을 비교한 것이다.

위성관측으로부터 $PM_{2.5}$ 농도로 환산하는 정확도를 높이기 위해서는 지상 관측망, 라이다 및 MAX−DOAS 네트워크, AERONET 네트워크, 모델링 자료 등을 통합적으로 분석하여야 한다. 그러기 위해서는 입체 측정 연구의 인프라 구축이 선행되어야 할 것이다. 특히 위성자료 분석결과는 미세먼지 예보의 검증 및 개선에도 크게 기여할 것이다.

현재 위성을 이용한 PM 관측은 개발 초기단계이므로 향후 발사될 GEMS

표 13. AOD 분석을 위한 궤도 위성 비교

위성 종류	분광해상도	관측 범위	스팩트럼 대역
Aqua/MODIS Terra/MODIS (극궤도)	10 km/3 km	하루 1번 전 지구적	36개 밴드 파장 영역: 405~2155 nm
GOCI/COMS (정지궤도)	500 m/6 km	2500 km×2500 km 8 hourly obs. over East Asia	8개 밴드 파장 영역: 400~900 nm
GEMS (정지궤도)	7×7.64 km (서울기준)	5000×5000 km over Asia	2019년 발사 예정 파장 영역: 300~500 nm, 파장 분해능: 0.6 nm

자료를 이용한 PM 산출 알고리즘의 국내 개발의 필요성이 요구된다. 고파장 분해능의 GEMS 관측을 통해 $PM_{2.5}$의 총 질량농도뿐만 아니라 대기입자의 구성성분별 농도를 높은 공간분해능으로 산출해낼 수 있는 기법 개발이 필요한 것이다.

동아시아에서 미세먼지 지상관측망과 더불어 실시간 미세먼지 농도와 국내외 유입과 유출 현황을 파악하여 국내 발생 미세먼지와 장거리 이동 미세먼지 양을 추정할 수 있는 기술이 개발되어야 한다. 또한 국내의 위성원격탐사 자료를 활용한 연구 중 입체적인 3차원 정보분석 분야가 상대적으로 미흡한 상황이므로 모델링, 입체관측과 같은 위성자료 분석 분야의 발전 방향이 모색되어야 할 것이다.

Part. **5**

초미세먼지 측정기술의
미래

초미세먼지 측정기술의 미래

패러다임의 전환

초미세먼지 측정기술의 발전은 크게 두 가지 방향으로 진행되는 추세이다.
첫째, 초미세먼지의 발생, 전환, 소멸의 전 과정에 대한 과학적 이해를 완성하

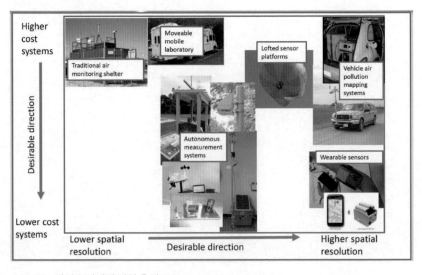

그림 101. **대기 모니터링 변화 추세**(출처: Hagler and Nunez, 2014)

기 위한 고도의 측정기술 개발이다. 첨단 측정기기를 이용한 지상, 항공, 위성을 포함한 3차원 입체관측을 통해 초미세먼지 현상에 대한 이해를 높일 수 있다. 이러한 측정결과는 대기 질 모델의 입력자료 개선과 모델 결과검증에도 활용되어 궁극적으로는 대기 질 예보능력을 향상시킨다.

둘째는 대기 모니터링에 있어 고가의 대형, 저공간 분해능 측정망에서 소형, 저가의 높은 공간분해능 측정망 구축으로 방향이 나아가는 것이다〈그림 101 참조〉. 최근의 센서기술과 IT 기술의 발달은 대기 질 모니터링에 새로운 장을 열고 있다. 기존의 환경 측정망에 설치된 측정 장비들은 고가이며 운영 관리비용도 높기 때문에 제한된 숫자의 측정소에서만 운영되고 있다. 반면, 저가의 소형 센서를 활용한다면 더 많은 측정소에 설치할 수 있어 촘촘한 측정 네트워크를 경제적으로 구성할 수 있게 될 것이다.

〈그림 102〉는 이러한 대기오염 모니터링의 패러다임 변화를 요약하여 보여주고 있다(Snyder et al., 2013).

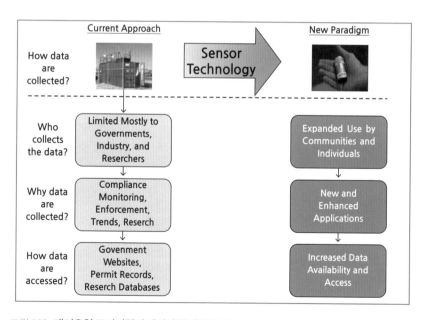

그림 102. **대기오염 모니터링의 패러다임 변화**(출처: Snyder et al., 2013)

저가형 소형 PM 센서

궁극적으로 개인용 센서(Personal Sensors) 시대가 가능한 기술 혁신이 일어나고 있다. 미국환경보호청(EPA)은 2012년부터 이러한 센서 기술개발 프로그램을 지원하여 많은 중소기업이 센서 개발에 뛰어 들었다. 현재 실험실과 현장 실험 단계에 이르렀다(https://www.epa.gov/sites/production/files/2014-09/documents/roadmap-20130308.pdf). 이러한 차세대 센서가 추구하는 특성은 높은 공간 분해능(이동형 또는 분산형)과 높은 시간 분해능(실시간), 그리고 저가의 측정을 가능하게 하는 것이다(Hagler et al., 2014). 지금까지 다양한 대기오염물질(가스상 & 입자상) 감지 센서가 개발되고 있다〈그림 103〉. 저가형 센서는 그 측정 원리에 따라 크게 세 가지 종류로 구분된다(http://www.aqmd.gov/aq-spec/resources#&MainContent_C001_Col00=0). 금속산화물 반도체 센서, 전기화학 센서, 광학 센서 등이다. Google의 무인자동차에 센서를 탑재하여 이동하며 측정하는 단계에까지 와 있다(https://9to5google.com/2017/11/07/google-aclima-street-view-

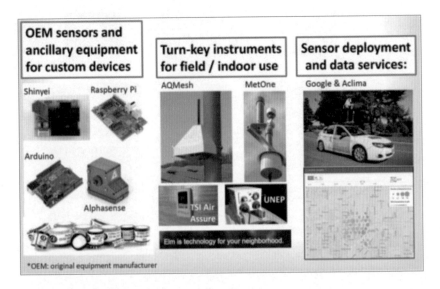

그림 103. **새로 개발된 소형 센서**(출처: Hagler, US EPA, 2016)

표 14. 소형 PM 센서의 현장 테스트 결과(출처: Williams et al., 2014)

센서	측정 방법	입자 크기	측정 단위	무게	시간 분해능	전원	분석 방법
Airbase CanarIT	Optical	Undefined	ug/m^3	~5	20sec	AC/DC Adapter	Proprietary Web Server
CairClip PM	Optical	PM$_{2.5}$	ug/m^3	~0.4	<1min	Battery	Proprietary Software
Carnegie Mellon Speck	Optical	Undefined	Particle counts	~0.5	1sec	USB	Proprietary Software
Dylos DC 1100	Optical	Undefined	Particle counts	~4	<1min	AC/DC Adapter	Proprietary Software
Met One 831	Optical	<10μm	ug/m^3	~4	<1min	Battery	Proprietary Software
RTI MicroPEM	Optical	PM$_{2.5}$	ug/m^3	~1	10sec	Battery	Proprietary Software
Sensaris Eco PM	Optical	PM$_{2.5}$	ug/m^3	~0.5	<1min	USB	Proprietary Web Server
Shinyei PMS-SYS-1	Optical	PM$_{2.5}$	ug/m^3	~0.5	1sec	Power Circuit Board	Proprietary Software

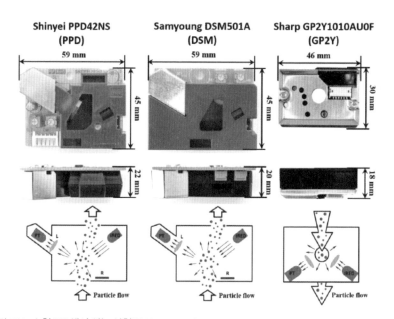

그림 104. 소형 PM 센서 성능 실험(출처: Wang et al., 2015)

air-pollution-data-la-sf/).

이와 더불어 기존에 개발된 소형 PM 센서에 대한 현장 테스트 역시 활발히 진행되고 있다〈표 14〉.

〈그림 104〉는 PM 센서의 성능 실험의 예이다. 모두 광학적 방법을 사용하기 때문에 실시간 측정이 가능하다. 이러한 PM 센서들은 중국 시안에서 야외 성능 시험을 하였다(Gao et al., 2015). 그리고 미국 동남부 지역에서 개발된 센서들의 성능을 평가하기 위해 Community Air Sensor Network(CAIRSENSE) 프로젝트가 수행되기도 했다(Jiao et sl., 2016). 그리고 최근에 저가 센서의 야외 실험 결과가 보고되었는데(Johnson et al., 2016) 〈표 15〉는 실험에 사용된 저가 센서 목록이다. PM 센서의 경우 \$10~\$250로 매우 저렴한 것을 알 수 있다.

〈그림 105〉는 저가 센서의 성능을 기존의 측정망에서 사용하는 고가의 측정장비인 TEOM(Tapered Element Oscillating Microbalance)과 beta gauge(E-BAM)와 비교한 결과이다. 이 비교 결과는 앞으로 기술 개발의 완성도를 높이면 저가 센서들의 성장 가능성을 보여주고 있다.

저가 센서, 드론, 나노 위성

보급형 저가 센서에 대한 정보가 http://developer.epa.gov/air-quality-sensors/에 나와 있다. 이러한 보급형 저가 센서들은 웨어러블 IT 기기, 무인 드론 등에 장착되어 실시간, 입체 측정을 가능하게 하는 등 대기 질 모니터링의 새로운 장을 열뿐만 아니라 새로운 사업 및 시장을 창출할 것으로 기대된다.

2017년 5월에 열린 Air Quality Sensor Conference에서 저가형 대기 질 모니터링 센서의 개발 현황, 검증 및 정도 관리, 활용방안과 미래 방향 등이 논의되었다(Clements et al., 2017). 소형 드론을 이용한 대기 질 모니터링 기술의 최신 현황과 미래 방향이 잘 드러나 있다(Villa et al. 2107).

소형 인공위성 개발 기술이 앞선 미국 NASA는 여러 종류의 소형 위성을 개발하고 있는데(https://www.nasa.gov/mission_pages/smallsats). NASA Ames Research Center(https://www.nasa.gov/centers/ames/engineering/smallsat)와 Jet Propulsion Lab(JPL, https://www.nasa.gov/content/jpl-smallsats)이 주관 기관이다.

표 15. **미국 저가 PM 센서 야외 실험 결과**(출처: Johnson et al., 2016)

측정항목	센서	가격	측정기술
PM	Shinyei PPD42NS	10	volume light scattering(digital output)
PM	Shinyei PPD20V	250	volume light scattering(analog output)
PM	Shinyei PPD60PV	250	volume light scattering(analog output)
CO_2	COZIR GC-0010	120	non-dispersive infrared absorption
Temperature and RH	Sensirion SHT 15	40	band-gap displacement capacitance
BC	Aethlabs AE51	6000	filter absorbance change

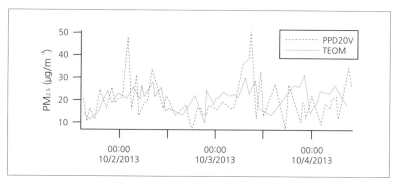

Figure 3:Roadside TEOM, Shinyei PPD20V comparison

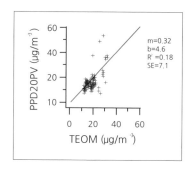
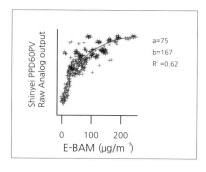

그림 105. **저가 PM 센서와 TEOM, E-BAM과의 비교**(출처: Johnson et al., 2016)

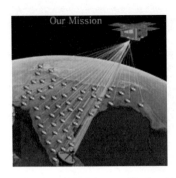

그림 106. 인도 **ISRO 대기관측 나노 위성 네트워크 및 센서 계획**(출처: Nargunam, 2014, http://
www.caneus.org/sstdm/presentations/day3/Session4/POLLUTION%20%20MONITORING%20USING%20
A%20GENERIC%20NANO%20SATELLITE.pdf)

현재 인도의 대기오염 수준은 중국보다 더 심각한 상황이다. 인도 ISRO
(Indian Space Research Organization)는 앞에서 언급된 저가 센서 네트워
크와 나노 위성을 무선통신망(WSN, Wireless Sensors network)으로 연결하
여 대기오염을 원격 모니터링할 계획이다〈그림 106〉. 모니터링 대상은 주로
CO_2, NO, NO_2, CH_4, SO_2, CO 등이다. NEMO-AM(Next Generation Earth
Observation and Aerosol Monitoring) 위성은 $2 \times 2 \times 1$ ft 크기에 무게 15 kg
의 나노 위성으로 고도 500 km 상공으로 발사될 예정이다. NEMO-AM 위성
에는 소형 분광기가 탑재되어 지표면에의 반사되어 오는 태양광을 여러 각도
에서 받아 미세먼지도 모니터링을 할 계획이다.(https://directory.eoportal.
org/web/eoportal/satellite-missions/n/nemo-am).

미세먼지 제거 기술

인류가 겪고 있는 지구온난화와 같은 기후변화 피해를 저감시키기 위해
CO_2를 포함한 온실기체 배출을 줄이기 위한 노력에 모든 나라들이 참여하고
있다. 온실기체의 대기 중 수명이 길기 때문에 이러한 노력의 효과를 맺기 위
해서는 오랜 시간이 걸릴 것으로 예상되고 있다. 따라서 일부 과학자들 사이

에서 과학적 지식을 이용하여 기후변화에 능동적으로 대응하는(늦추는) 기술을 개발하자는 의견이 개진되었다. 이에 따라 지구공학(Geoengineering)이라 불리는 새로운 연구 분야가 생겼다. 대표적으로 영국 옥스포드 대학의 Geoengineering Programme이 있다(http://www.geoengineering.ox.ac.uk/).

최근 중국의 $PM_{2.5}$ 농도가 '위험' 수준까지 이르렀고, 배출량을 줄여서 대기질을 개선한다는 것은 장기적 과제이기 때문에 일시적인 대책이 되더라도 지구공학적으로 접근하여 대기 중 미세먼지를 제거하는 방안들이 제시되었다.

1) 인공강우

1960년대부터 미국 일부 지역에 가뭄 해소 및 적설량을 늘리기 위한 인공강우 기술이 사용되었다. 그 후 소련, 중국, 태국, 남아공, 중동 등 여러 곳에서 인공강우가 시도되었다. 인공강우(Cloud Seeding) 기법은 크게 한랭구름 인공강우(Cold Cloud Seeding)와 온난구름 인공강우(Warm Cloud Seeding)로 나눌 수 있다. 전자는 과냉각(supercooled) 수분이 존재하는 곳에 드라이아이스나 요도화은(AgI) 연소탄을 이용하여 인공적인 구름 핵을 뿌려서 구름을 생성시키고 더 발달해서 눈·비가 되어서 내려오게 하는 기술이다. 후자는 더운 지방이나 여름철에 적운(cumulus cloud) 기저에 소금 형태의 친수성 입자를 뿌려 입자가 상승기류를 타고 구름 속으로 들어가 구름입자가 커지게 되어 비가 내리게 하는 기법이다(hygroscopic seeding). 〈그림 107 참조〉

우리나라도 가뭄이 심각할 때 기상청에서 항공기 및 지상 연소기를 사용하여 인공강우 실험이 시도되었고 부분적으로 성공을 거두기도 하였다.

인공적으로 비를 내리게 해서 미세먼지 제거에 활발히 적용하는 나라는 중국이다. 요도화은(AgI) 탄을 대포로 쏘아 올려 가뭄 해소 및 미세먼지 제거에 성공했다고 주장하고 있는데, 1988년 올림픽을 앞두고 실제로 적용한 적이 있다. 그런데 동북아시아의 오염 지역은 이미 입자가 과다하게 많기 때문에 인공강우 효과에 대해 회의적 의견도 있다. 그러나 서해 바다 위에서

hygroscopic seeding은 효과가 있을 수 있을 것이다.

2) 대형 스프링클러와 물대포

인공강우가 넓은 지역에 인위적으로 비를 내리게 해서 미세먼지 세정을 시도한다면 비슷한 개념으로 인구가 밀집된 도심 지역의 미세먼지를 세정하는 목적으로 제안된 것이 대형 스프링클러와 물대포(water cannon)이다. 실제로 도심 대형 건물에 스프링클러를 설치하여 짧은 시간 내에 $PM_{2.5}$ 농도를 35 $\mu g/m^3$ 수준까지 낮출 수 있다고 분석되었다(Yu, 2014). 〈그림 108 참

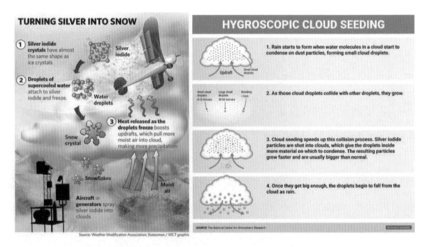

그림 107. **한랭구름 인공강우와 온난구름 인공강우**(출처: Weather Modification Association & NCAR)

그림 108. **미세먼지 세정용 대형 스프링클러와 물대포**(출처: Yu, 2014)

조〉 대형 물대포를 이용하여 세정하는 방법은 중국 일부 도시에서 이미 시도되었다.

3) 야외용 대형 공기청정기

2016년 세계 최초의 7 m 높이의 대형공기청정기(Smog Free Tower) 프로토 타입이 네덜란드 로터담에 시험 설치되었다. 축구경기장 크기의 지역의 미세먼지 70~80%를 36시간 내에 제거할 수 있다고 주장하였다. 중국 베이징에 시험 운영하였다(https://phys.org/news/2016-09-beijing-latest-pollution-smog-free.html).

4) 대형 태양광 집진기(SALSCS, Solar-Assisted Large Scale Cleaning System)

대형 태양광 패널, 굴뚝, 휠터 뱅크로 구성되어 있는 지역공기정화 장치가 제안되었다(Cao et al., 2015). 설계 계산에 의하면 직경 2.5 km 태양광 패널이 유도하는 상승기류가 굴뚝 안에 설치된 휠터 뱅크를 통과할 때 입자들이 걸러지게 된다. 설계에 의하면 24시간 내에 22.4 km^3 부피의 공기를 정화시킬 수 있다고 발표되었다. 이러한 기술이 적용된 높이 100m의 공기 정화탑이 중국 시안 도심에 설치되어 대기 정화 효과를 일부 얻고 있다(Cyranoski, 2018).

위에 언급된 학술지에 발표된 것 이외에도 미세먼지를 제거하는 여러 가지 아이디어가 제시되어 있다〈그림 109〉. 각각의 가능성과 효율성, 경제성 등에 대한 검증이 우선적으로 되어야 할 것이다.

대기환경을 위한 미래 과학 · 기술의 역할

2016년 8월 미국과학원(National Academy of Sciences)은 "대기화학 연구의 미래(The Future of Atmospheric Chemistry Research: Remembering Yesterday, Understanding Today, Anticipating Tomorrow)"라는 보고서

를 발간하였다. 20세기 이후 대기화학의 발전이 인류가 당면했던 대기환경 문제(예: 산성비, 오존홀, 대도시 스모그 등)의 진단과 궁극적 해결에 큰 공헌을 해왔음은 부정할 수 없다. 그런데 현 21세기는 새로운 대기환경 문제(기후변화, 초미세먼지, 오존 오염, 등)에 직면하고 있다. 대기화학의 연구 방향은 이미 발생한 문제의 사후 처리를 넘어서 문제를 사전에 예측하고 선제적 해결책(Predictive Capability)을 제시하는 것이 바람직하다. 미국과학원 보고서는 그러한 방향으로 가기 위해 필요한 접근 방법을 제안하고 있다.

〈그림 110〉은 미국과학원 보고서가 제시한 대기화학이 관련하는 발생원과 사회적 관련성에 대한 대기화학적 이슈, 사회적 영향 부분 사이의 관련성을 보여주고 있다.

〈그림 110〉에 나와 있는 대기화학 연구의 세부 분야인 배출, 변환, 산화, 대기역학, 대기입자 및 구름, 생지화학 사이클, 침착 등은 모두가 초미세먼지와 직접적인 관련이 있다. 보고서는 또한 발생원 예측 능력 향상을 위한 5가지 우선 과학 연구 분야를 제안하고 있다.

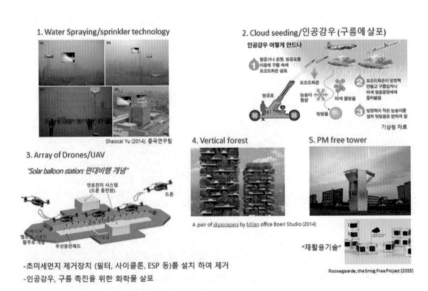

그림 109. 실외용 초미세먼지 제거 기술 아이디어

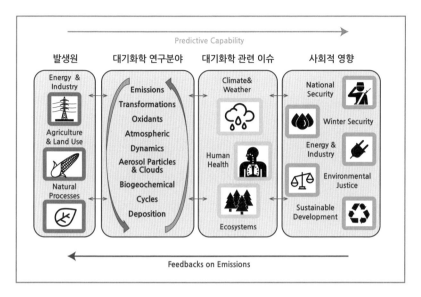

그림 110. **대기화학의 사회 관련 이슈 및 사회적 영향과의 관련성 구성도**(출처: NAS, 2016)

① 대기 중 분포, 반응, 수명을 예측할 수 있는 능력 제고를 위한 기초 연구
② 가스 및 입자의 배출 및 제거 과정 정량화 및 정확도 강화
③ 기상모델, 기후변화, 대기환경 모델링에 대기화학 접목을 통한 예보 능력 강화
④ 인체에 위해성이 높은 오염물질의 발생원과 대기 프로세스 이해 강화
⑤ 생태계 생 · 지 · 화학 사이클과 대기화학 사이의 피드백에 대한 이해 강화

이러한 우선 연구 분야에 대한 대기화학 연구를 수행하기 위해 필요한 7가지 연구 인프라 구축에 대해서도 제안하였다.

① 분석기기 개발, 측정 플랫폼 및 실험실 구축, 이론 개발 및 모델링 능력 강화
② 장기 관측 측정연구소 설립 및 공동 활용
③ 중앙 데이터 저장 및 관리 시스템 설립

④ 현존하는 데이터들에 대한 최대한 활용

⑤ 다학제적 연구 장려

⑥ 국제 역량 강화 지원 및 협력 강화

⑦ NCAR(National Center for Atmospheric Research)를 대기과학연구의 중심 파트너로 활용

우리가 당면하고 있는 초미세먼지 문제 해결을 위해서는 과학·기술 역량 강화가 무엇보다 우선되어야 한다는 같은 결론에 도달하게 된다. 과학·기술의 뒷받침 없는 단기적 성과 위주의 대기환경, 특히 초미세먼지 정책은 시행착오, 예산낭비, 그리고 문제 해결을 늦추는 결과를 가져올 것이다.

이 책은 초미세먼지 생성 및 발생 원인과 영향을 정확하게 진단하기 위한 측정기술을 중심으로 썼다. 과학 기술에 기반한 정확한 진단만이 삶을 위협하는 초미세먼지로부터 벗어날 수 있는 정확한 최선의 처방을 찾아줄 수 있다는 확신 때문이다.

부디 이 책이 효율적이고 정확한 초미세먼지 처방을 찾는 데 도움이 되기를 바란다.

참고
문헌

참고문헌

1. 국립환경과학원(2013), "대기오염물질 배출량 통계".

2. 김관철, 이다솜, 이광열, 이권호, & 노영민(2016), MODIS 자료의 에어로졸의 광학적 두께를 이용한 제주지역의 지표면 PM 2.5 농도 추정. Korean Journal of Remote Sensing, 32(5), 413-421.

3. 김영준(2016), "미세먼지 저감 및 피해방지를 위한 과학기술의 역할", 제10회 한림 원탁토론회, 한국과학기술한림원 발표자료.

4. 에너지경제연구원(2015), "에너지 통계연보".

5. 이권호(2014), CALIPSO 위성 탑재 라이다를 이용한 동북아시아 지역의 대기 에어로졸 3 차원 광학특성 분포. Korean Journal of Remote Sensing, 30(5), 559-570.

6. 초미세먼지 피해저감 사업단 최종 보고서(2017), 광주과학기술원

7. 환경부(2012), "대기환경연보".

8. 환경부(2013), "2차 수도권 대기환경관리 기본계획".

9. 환경부(2017), "미세먼지 관리 종합대책" http://www.me.go.kr/.

10. 환경부, 수도권대기환경청 미세먼지 바로알기 "미세먼지! 왜 조심해야 하나요?", http://www.me.go.kr/mamo/web/index.do?menuId=16201.

11. Bobrowski et al. (2006), "IDOAS: A new monitoring technique to study the 2D distribution of volcanic gas emissions", Journal of volcanology and geothermal research, 150(4), 329-338.

12. BosterBio, https://www.bosterbio.com/protocol-and-troubleshooting/elisa-principle

13. Boston University School of Public Health(2013), "The Biology of Aging", http://sphweb.bumc.bu.edu/otlt/mph-modules/ph/aging/mobile_pages/Aging2.html.

14. Burtonet al. (2012), "Aerosol classification using airborne High Spectral Resolution Lidar measurements-methodology and examples", Atmospheric Measurement Techniques, 5(1), 73.

15. Canagaratna et al. (2007), "Chemical and microphysical characterization of ambient aerosols with the aerodyne aerosol mass spectrometer", Mass Spectrometry Reviews, 26(2), 185-222.

16. Cell Biolabs, Inc. https://www.cellbiolabs.com/reactive-oxygen-species-ros-assay

17. Cho et al. (2005), "Redox activity of airborne particulate matter at different sites in the Los Angeles Basin", *Environmental Research*, 99(1), 40-47.

18. Chong et al. (2016). Estimation of sulphur dioxide emission rate from a power plant based on the remote sensing measurement with an imaging-DOAS instrument. Paper presented at SPIE Remote Sensing 2016, Edinburgh, United Kingdom, 26-29 September 2016.

19. Chong, J.H (2016), "NO_2 Measurements Using Passive Differential Optical Absorption Spectrometer(DOAS) and Validation", Ph. D. dissertation, Gwangju Institute of Science and Technology, Gwangju, Korea.

20. Cyranoski, D. (2018) "China tests giant air cleaner to combat urban smog, Nature, 555, 152".

21. Chu et al. (2003), "Global monitoring of air pollution over land from the Earth Observing System - Terra Moderate Resolution Imaging Spectroradiometer(MODIS)", *Journal of Geophysical Research: Atmospheres*, 108(D21).

22. Chu et al. (2016), "A Review on Predicting Ground PM2. 5 Concentration Using Satellite Aerosol Optical Depth", Atmosphere, 7(10), 129

23. DiStefano et al. (2009), "Determination of metal-based hydroxyl radical generating capacity of ambient and diesel exhaust particles", *Inhalation toxicology*, 21(9), 731-738.

24. Franco Cavaleri(2011), "FREE RADICAL AND THE ANTIOXIDANT – Atomic theory for clarification of the radical interactions Part II", Biologic nutrigenomics,http://www.biologicnr.com/free-radical-and-the-antioxidant-atomic-theory-for-clarification-of-the-radical-interactions-part-ii/, ISBN 0-9731701-0-7.

25. Godri et al. (2011), "Increased oxidative burden associated with traffic component of ambient particulate matter at roadside and urban background schools sites in London", PloS one, 6(7), e21961.

26. Hess et al. (1998), "Optical properties of aerosols and clouds: The software

package OPAC", *Bulletin of the American meteorological society*, 79(5), 831-844.

27. Heyder et al. (2004), "Deposition of inhaled particles in the human respiratory tract and consequences for regional targeting in respiratory drug delivery", *Proceedings of the American Thoracic Society*, 1(4), 315-320.

28. Hönninger et al. (2004), "Multi axis differential optical absorption spectroscopy(MAX-DOAS)", *Atmospheric Chemistry and Physics*, 4, 231-254.

29. IPCC(2013), Climate Change Assessment Report 5, http://www.ipcc.ch/report/ar5/.

30. Irie et al. (2015), "Evaluation of MAX-DOAS aerosol retrievals by coincident observations using CRDS, lidar, and sky radiometer inTsukuba, Japan", *Atmospheric Measurement Techniques*, 8(7), 2775.

31. ISAC, B., (1994), "Differential optical absorption spectroscopy(DOAS)"

32. Kanaya et al. (2014), "Long-term MAX-DOAS network observations of NO_2 in Russia and Asia(MADRAS) during the period 2007-2012: instrumentation, elucidation of climatology, and comparisons with OMI satellite observations and global model simulations", *Atmospheric Chemistry and Physics*, 14, 7909-7927.

33. Kanaya et al. (2017), "MAX-DOAS Network Observations in Asia and Russia(MADRAS) since 2007: Overview, OMI satellite data validation and update in 2017." Paper presented at The 8th International DOAS Workshop, Yokohama, Japan, 4-6 September.

34. Kerri A. Pratt, Kimberly A. Prather(2012), "Mass spectrometry of atmospheric aerosols—Recent developments and applications. Part II: On-line mass spectrometry techniques", *Mass Spectrometry Reviews*, 31(1):17-48.

35. Kim et al. (2016), "Estimation of surface-level PM concentration from satellite observation taking into account the aerosol vertical profiles and hygroscopicity", *Chemosphere*, 143, 32-40.

36. Kulkarni et al. (2001), "Aerosol measurement: principles, techniques, and applications(2nd edition)", Hoboken, *NJ: John Wiley & Sons*.

37. Lee et al. (2005), "Measurement of atmospheric monoaromatic hydrocarbons using differential optical absorption spectroscopy: Comparison with on-line gas chromatography measurements in urban air", *Atmospheric Environment*, 39, 2225–2234.

38. Lee et al. (2007), "Spatio-temporal variability of satellite-derived aerosol optical thickness over Northeast Asia in 2004", *Atmospheric Environment*, 41(19), 3959-3973.

39. Lee et al. (2008), "Impact of Transport of Sulfur Dioxide from the Asian Continent on the Air Quality over Korea during May 2005", *Atmospheric Environment*, 42, 1461–1475.

40. Lee et al. (2009), "Retrieval of aerosol extinction in the lower Troposphere based on UV MAX-DOAS measurements", *Aerosol Science and Technology*, 43, 502-509.

41. Lee et al. (2010), "Algorithm for retrieval of aerosol optical properties over the ocean from the Geostationary Ocean Color Imager", *Remote Sensing of Environment*, 114(5), 1077-1088.

42. Lee et al. (2011a), "Remote sensing of tropospheric aerosol using UV MAX-DOAS during hazy conditions in winter: Utilization of O_4 Absorption bands at wavelength intervals of 338-368 and 367-393 nm", *Atmospheric Environment*, 45, 5760-5769.

43. Lee et al. (2011b), "Derivation of the Ambient Nitrogen Dioxide Mixing Ratio over a Traffic Road Site Based on Simultaneous Measurements Using a Ground-based UV Scanning Spectrograph", *Journal of the Optical Society of Korea*, Vol. 15, No. 1, 96-102.

44. Lee, K. H., & Kim, Y. J., (2010), "Satellite remote sensing of Asian aerosols: a case study of clean, polluted, and Asian dust storm days", *Atmospheric Measurement Techniques*, 3(6), 1771.

45. Limbach et al. (2009), "Physico-chemical differences between particle-and molecule-derived toxicity: can we make inherently safe nanoparticles?", *CHIMIA International Journal for Chemistry*, 63(1-2), 38-43.

46. Lin et al. (2015), "Using satellite remote sensing data to estimate the high-resolution distribution of ground-level PM 2.5", *Remote Sensing of Environment*, 156, 117-128.

47. Liu et al. (2016), "NOx lifetimes and emissions of cities and power plants in polluted background estimated by satellite observations", *Atmospheric Chemistry and Physics*, 16, 5283–5298.

48. Ma et al. (2016), "Satellite-based spatiotemporal trends in PM2. 5 concentrations: China, 2004–2013", *Environmental Health Perspectives*, 124(2), 184.

49. Maura Lodovici and Elisabetta Bigagli (2011), "Oxidative Stress and Air Pollution Exposure", *Journal of Toxicology*, 2011, 487074.

50. Mortelmans, K., & Zeiger, E. (2000), "The Ames Salmonella/microsome mutagenicity assay", *Mutation Research/Fundamental and Molecular Mechanisms of Mutagenesis*, 455(1), 29-60

51. Müller et al. (1999), "Microphysical particle parameters from extinction and backscatter lidar data by inversion with regularization: Theory", *Applied Optics*, 38, 2346–2357.

52. Müller et al. (2014), "Airborne Multiwavelength High Spectral Resolution Lidar(HSRL-2) observations during TCAP 2012: vertical profiles of optical and microphysical properties of a smoke/urban haze plume over the northeastern coast of the US", *Atmospheric Measurement Techniques*. 7, 3487–3496.

53. Noh et al. (2008), "Seasonal characteristics of lidar ratios measured with a Raman lidar at Gwangju, Korea in spring and autumn", *Atmospheric Environment*, 42, 2208–2224

54. Noh et al. (2011), "Vertically resolved light absorption characteristics and the influence of relative humidity on particle properties: multiwavelength Raman lidar observations of East Asian aerosol types over Korea", *Journal of Geophysical Research*, 116, D06206.

55. Noh et al. (2016), "Utilization of the depolarization ratio derived by AERONET Sun/sky radiometer data for type confirmation of a mixed aerosol plume over East Asia", *International Journal of Remote Sensing*, 37, 2180-2197.

56. Noh, Y. M., (2014), "Single-scattering albedo profiling of mixed Asian dust plumes with multiwavelength Raman lidar", *Atmospheric Environment*, 95, 305-317.

57. Pappalardo et al. (2014), "EARLINET: towards an advanced sustainable European aerosol lidar network", *Atmospheric Measurement Techniques*, 7, 2389–2409.

58. Park et al. (2009), "A study on effects of size and structure on hygroscopicity of nanoparticles using a tandem differential mobility analyzer and TEM", *Journal of Nanoparticle Research*, 11(1):175-183.

59. Penning de Vries et al. (2015), "A global aerosol classification algorithm incorporating multiple satellite data sets of aerosol and trace gas abundances", *Atmospheric Chemistry and Physics*, 15(18), 10597-10618.

60. Piatt, U., & Stutz, J. (2008), "Differential Optical Absorption Spectroscopy, Principles and Applications"

61. RAYTECH Inc. homepage(2010) http://www.ray-tec.co.kr/

62. Rodriguez et al. (2005), "The interactions of 9, 10-phenanthrenequinone with glyceraldehyde-3-phosphate dehydrogenase(GAPDH), a potential site for toxic actions", *Chemico-biological interactions*, 155(1-2), 97-110.

63. Sugimoto et al. (2014), "Characterization of aerosols in East Asia with the Asian Dust and Aerosol Lidar Observation Network(AD-Net)", *Lidar Remote Sensing for Environmental Monitoring XIV*, Proc. SPIE, 9262.

64. Schönhardt et al. (2015), "A wide field-of-view imaging DOAS instrument for two-dimensional trace gas mapping from aircraft", *Atmospheric Measurement Techniques*, 8(12), 5113-5131,

65. Seo et al. (2015), "Estimation of PM 10 concentrations over Seoul using multiple empirical models with AERONET and MODIS data collected during the DRAGON-Asia campaign", *Atmospheric Chemistry and Physics*, 15(1), 319-334.

66. Shi et al. (2003), "Temporal variation of hydroxyl radical generation and 8-hydroxy-2'-deoxyguanosine formation by coarse and fine particulate matter", *Occupational and environmental medicine*, 60(5), 315-321.

67. TSI Inc. (2007), "Model 3772/3771 Condensation Particle Counter Operation and Service Manual".

68. TSI Inc. (2012), "DUSTTRACKTM DRX AEROSOL MONITOR THEORY OF OPERATION".

69. TSI Inc. (2015), "THEORY OF OPERATION NANO ENHANCER MODEL 3777".

70. UMN, Aerosol and particle measurement course, Department of Mechanical Engineering, University of Minnesota, Minneapolis, Minnesota, USA.

71. Valery V. Tuchin(2016), "Polarized light interaction with tissues", *Journal of biomedical optics*, 21(7), 071114.

72. Van Donkelaar et al. (2015), "Use of satellite observations for long-term exposure assessment of global concentrations of fine particulate matter", *Environmental Health Perspectives*, 123(2), 135.

73. Van Donkelaar et al. (2016), "Global estimates of fine particulate matter using a combined geophysical-statistical method with information from satellites,

models, and monitors", *Environmental Science & Technology*, 50(7), 3762-3772.

74. Wagner et al. (2004), "MAX-DOAS O_4 measurements: a new technique to derive information on atmospheric aerosols-principles and information content", Journal of Geophysical Research. 109, D22205. doi:10.1029/2004JD004904.

75. Wagner, T., J. Remmers, S. Beirle, Y. Wang(2016). Investigation of the effects of horizontal gradients of trace gases, aerosols and clouds on the validation of tropospheric TROPOMI products(TROPGRAD). Paper presented at Atmospheric Composition Validation Evolution, Rome, Italy, 18-20 October.

76. Wang J. & Christopher, S.A., (2003), "Intercomparison between satellite-derived aerosol optical thickness and $PM_{2.5}$ mass: implications for air quality studies", *Geophysical research letters*, 30(21), 2095, doi:10.1029/2003GL018174.

77. Wang, B. & Chen, Z., (2016), "High-resolution satellite-based analysis of ground-level $PM_{2.5}$ for the city of Montreal". *Science of the Total Environment*, 541, 1059–1069.

78. Wang, X. (2002), "Optical Particle Counter(OPC) Measurements and Pulse Height Analysis(PHA) Data Inversion", M.S. Thesis, University of Minnesota.

79. WHO. (2013), "Health effects of particulate matter"

80. WHO. (2016), "Ambient air pollution: a global assessment of exposure and burden of disease". http://www.who.int/gho/phe/outdoor_air_pollution/exposure/en/.

81. Winker et al. (2009), "Overview of the CALIPSO mission and CALIOP data processing algorithms", *Journal of Atmospheric Oceanic Technology*, 26, 2310–2323

82. Xenometrix AG, http://www.xenometrix.ch/

83. Yadav et al. (2004), "Study of cigarette smoke aerosol using time of flight mass spectrometry", *Journal of analytical and applied pyrolysis*, 72(1):17-25.

저자 소개

박기홍

현 광주과학기술원(GIST) 지구환경공학부 교수로, 서울대학교 기계공학과를 졸업하고 미국 미네소타대학 기계공학과에서 박사, 미국 표준과학연구소와 메릴랜드 대학교에서 박사후 연구원으로 공부하였고 미국 Desert Research Institute 에서 교수직을 수행하였다.
2012년 광주과학기술원 국제환경연구소 소장, 2014년 미래부 초미세먼지 피해저감 사업단장 등을 거쳐 현재 과기정통부 동북아 미세먼지 국제공동관측 총괄과제 연구책임자이자 미국「Aerosol Science and Technology」편집장, 한국입자에어로졸학회 부회장, 광주과학기술원 지구환경공학부 학부장으로 활동하고 있다.

김영준

현 광주과학기술원(GIST) 지구환경공학부 명예교수로, 서울대학교 응용물리학과를 졸업하고 미국 콜로라도 주립대학 토목공학과에서 박사, 미국 해양기상청 환경연구소 연구원으로 공부하였으며, 1996년 광주과학기술원에 교수로 임용된 후 교학처장, 부총장직을 거쳐 제6대 GIST 총장을 역임하였다. 환경모니터링신기술연구센터 소장, 국가과학기술심의위원, 과학기술한림원 회원으로 대기환경 분야의 연구 및 정책자문으로 활동하고 있다.

초미세먼지
측정기술의 현재와 미래

| 초미세먼지 원인 및 영향의 정확한 진단을 위하여

초 판 인 쇄   2018년 5월 24일
초 판 발 행   2018년 5월 31일

저   자   박기홍, 김영준
발 행 인   문승현
발 행 처   GIST PRESS

등 록 번 호   제2013-000021호
주   소   광주광역시 북구 첨단과기로 123, 행정동 207호(오룡동)
대 표 전 화   062-715-2960
팩 스 번 호   062-715-2969
홈 페 이 지   https://press.gist.ac.kr/
인쇄 및 보급처   도서출판 씨아이알(Tel. 02-2275-8603)

I   S   B   N   979-11-952954-7-0 93450
정   가   12,000원

이 도서의 국립중앙도서관 출판시도서목록(CIP)은 서지정보유통지원시스템 홈페이지(http://seoji.nl.go.kr)
와 국가자료공동목록시스템(http://www.nl.go.kr/kolisnet)에서 이용하실 수 있습니다.
(CIP제어번호: CIP2018016535)

본 도서의 내용은 GIST의 의견과 다를 수 있습니다.